Siba Prasad Mishra
Alok Nandi
Aditya Kiran Padhiary

Gestão de nutrientes no crescimento e rendimento do coentro Super Midori

Siba Prasad Mishra
Alok Nandi
Aditya Kiran Padhiary

Gestão de nutrientes no crescimento e rendimento do coentro Super Midori

ScienciaScripts

This book is a translation from the original published under ISBN 978-620-2-05955-8.

Publisher:
Sciencia Scripts
is a trademark of
Dodo Books Indian Ocean Ltd. and OmniScriptum S.R.L publishing group

120 High Road, East Finchley, London, N2 9ED, United Kingdom
Str. Armeneasca 28/1, office 1, Chisinau MD-2012, Republic of Moldova, Europe
Printed at: see last page
ISBN: 978-620-7-89730-8

RECONHECIMENTO

Abaixo a minha cabeça perante o Todo-Poderoso

"OMMSAIAAM"

cuja bênção me ajudou a chegar até aqui.

Esta preciosa peça de reconhecimento inspirou-me uma oportunidade e um privilégio orgulhoso de expressar o meu estimado e profundo sentido de gratidão ao meu guia Dr. G.S. Sahu, Professor Associado, Dept.Of Vegetable Science, College of Agriculture, OUAT, Bhubaneswar e Presidente, Comité Consultivo pela sua valiosa orientação, conselho prudente, crítica saudável e ajuda sempre disposta desde a iniciação através da execução até à acumulação da presente investigação. O seu tratamento carinhoso e a sua inspiração inculcaram-me a confiança necessária para compreender este estudo, pelo que lhe estou profundamente grato.

HN Mishra, Chefe de Departamento, Departamento de Ciências Vegetais, pelos seus preciosos conselhos, inspiração, sugestões e encorajamento constante durante o curso do trabalho.

Esta perspicaz declaração de agradecimento dá-me a oportunidade e o privilégio de exprimir o meu profundo sentimento de gratidão e de dívida para com o Dr. Pradyumna Tripathy, Asso. Professor de Ciências Vegetais e Horticultor, AICRP sobre Caju, OUAT, Bhubaneswar, pela sua orientação académica, sugestões valiosas, interesse vivo, conselhos preciosos, críticas vigilantes e construtivas, cooperação de todo o coração, encorajamento incessante e compaixão e paciência ao longo do curso da investigação para tornar este esforço uma possibilidade.

*Aproveito esta oportunidade auspiciosa para exprimir **a** minha gratidão ao Dr. Chitamani Panda pelas suas valiosas orientações, conselhos, encorajamento, críticas e sugestões durante todo o período de estudo e durante a realização do meu trabalho de investigação.*

Os meus sinceros agradecimentos ao Dr. K.C. Muduli, Asso. BK Mishra, Dean College of Agriculture, Prof. Santosh Kumar Panda, Chefe do Departamento de Entomologia, Prof. Santanu Mohanty, Departamento de Solos e Química Agrícola, Prof. Soroj Kumar Mohanty, Chefe do Departamento de Ciência e Tecnologia de Sementes, pelos seus valiosos conselhos e sugestões durante o trabalho de investigação.

Aproveito esta oportunidade única para exprimir o meu profundo sentimento de gratidão e de dívida para com o Prof. Monoranjan Kar, Hon'ble Vice-Chanceler, OUAT, pelo seu apoio constante para ultrapassar as dificuldades durante o período de estudo

Aproveito *esta oportunidade única para exprimir o meu profundo sentimento de gratidão e de dívida para com o Dr. B Senapati, ex-vice-chanceler da OUAT, pelos seus conselhos incessantes para incentivar os estudos superiores.*

D.P. Roy, ex-vice-chanceler da OUAT, pela sua gentil autorização para prosseguir com a licença de estudo, que me permitiu alcançar esta etapa de sucesso.

Não tenho palavras para exprimir a minha sincera gratidão ao Dr. Damodor Rout, Ministro dos Impostos Especiais de Consumo e da Cooperação, pela inspiração que me deu para prosseguir estudos superiores.

Tenho o prazer de agradecer ao Dr. Sachi Mahapatra, Chefe do Departamento de Nemaotologia, ao Dr. Arun Kumar Das, Chefe do Departamento de Ciências da Fruta, ao Dr. Prabat Kumar Roul, Diretor da Polytechnique, ao Dr. Dilip Kumar Dora, Prof. Prof, Dept.ofFruit Science pela sua inspiração, encorajamento e ajuda durante todo o processo.

Um agradecimento especial aos meus amigos Dr. A.K. Behera, Dr. A.K. Sahu, Dr. A. Mishra, Sr. A. Das, Prof. Radhamohan, Prof. Jagadanda, Prof. M. C. Das, Dr. S Das pelos seus conselhos durante a pós-graduação.

Agradeço também a todos os meus colegas de turma, juniores e seniores, Monalisa, Sudeepta, Kalyani, Dolly didi, e prometo o meu mais sincero apreço pelo afeto e ajuda que me deram durante todo o período de estudo.

Expresso a minha sincera devoção e o meu maior agradecimento à minha amada esposa Pragnya pela sua inspiração e sacrifício, que me fizeram alcançar o sucesso.

*É meu dever expressar o meu mais profundo agradecimento aos autores e revistas, **jornais**, livros, apostilas, trabalhos de investigação que referi para dar a este trabalho a direção adequada.*

*Por último, mas não menos importante**, inclino** a minha cabeça perante os meus queridos pais e sogros com toda a veneração e devoção pela sua bênção abençoada, sacrifícios altruístas e bênção eterna, que tem sido fundamental em todos os sucessos da minha carreira.*

Bhubaneswar

Data:

(Siba Prasad Mishra)

N.º de Adm. 11VSC/12

RESUMO

Uma experiência intitulada "Gestão integrada de nutrientes da variedade de coentros Super Midori" da semente Tokita foi realizada no Departamento de Ciências Vegetais, Faculdade de Agricultura, OUAT, Bhubaneswar durante o *Rabi* 2013 - 2014 para avaliar o efeito do azoto (50, 60 e 70 kg/ha), potássio (50 e 60 kg/ha) em combinação com FYM (20 t/ha), fósforo (40 kg/ha) e pulverização foliar de ureia (1%), fertilizantes solúveis (19: 19:19 e 13: 0: 45) no crescimento, caracteres que atribuem crescimento e rendimento de folhas de coentro sob dois conjuntos de experiências i.ou seja, sementeira em linha e sementeira em largo.

A partir da leitura dos resultados experimentais, observa-se que a aplicação de 70 kg de nitrogénio e 60 kg de potássio, juntamente com 40 kg de fósforo com a aplicação de FYM, resultou num rendimento foliar de 15,90 t/ha na sementeira em linha, em comparação com 15,72 t/ha na difusão.

A aplicação foliar de ureia (1%), fertilizantes solúveis 19: 19: 19 e 13: 0: 45 resultou num rendimento significativamente mais elevado, produzindo 18,17 t/ha e na sementeira em linha (19: 19: 19) e 20,19 t/ha, na sementeira em linha (13: 0: 45), em comparação com a aplicação foliar de ureia a 1%, que registou um rendimento de 16,47 t/ha.

Pode concluir-se a partir dos presentes resultados que a aplicação de 70 kg de N, 40 kg de P e 60 kg de K por hectare, juntamente com 20 toneladas de FYM /ha, com aplicação foliar de fertilizante solúvel, produz boa qualidade e maior rendimento de folhas na variedade Super Midori de coentros na estação *Rabi,* nas condições agro-climáticas costeiras de Odisha.

ABREVIATURAS

%	per cent
@	at the rate of
$^{\circ}C$	Degree Celsius
B	Boron
BFs	Biofertilizers
CD (p=0.05)	Critical difference at five per cent probability
cm	centimetre
cm^2	Squre centimetre
CV	Coefficient of variance
DAS	Days after sowing
et al.	And others
Fig	Figure
g	gram
ha^{-1}	per hectare
K	Potassium
Kg	Kilogram
Lit	Litre
mg	Milligram
N	Nitrogen
NPK	$N-P_2O_5-K_2O$
P	Phosphorous
PSB	Phosphorous solublizing bacteria
PSM	Phosphorous solublizing micro-organisms
RH	Relative humidity
RDF	Recommended dose of fertilizers
S	Sulphur

ÍNDICE

Capítulo 1   6

Capítulo 2   9

Capítulo 3   25

Capítulo 4   38

Capítulo 5   85

Capítulo 6   90

Capítulo 7   93

Capítulo 1

INTRODUÇÃO

A Índia é conhecida como a "Terra das Especiarias" e é o maior produtor, consumidor e exportador de especiarias e produtos à base de especiarias. Do total de sessenta e três especiarias cultivadas na Índia, vinte são classificadas como especiarias de semente, com trinta e seis por cento de quota na área e dezassete por cento de quota na produção do total de especiarias na Índia. As principais sementes de especiarias cultivadas na Índia são os coentros, os cominhos, o feno-grego, o funcho, o aneto, o ajwoan, o anis, a nigela e o cominho. A Índia exporta apenas 10% da produção mundial de sementes de especiarias. Se o nosso nível de consumo se mantiver inalterado, para satisfazer a procura mundial e manter a nossa posição de primeiro exportador de sementes de especiarias, temos de duplicar a nossa produção num período de cinco anos. Trata-se de um grande desafio para nós, uma vez que outros países, como a Bulgária para os coentros, a Síria para os cominhos, o Egipto para o funcho e Marrocos para o feno-grego, estão a competir com um rendimento mais elevado por unidade de superfície. Este desafio pode ser enfrentado através da utilização de tecnologias modernas com uma utilização eficiente dos recursos para obter uma maior produção com excelente qualidade. Para tal, é necessária a intervenção de tecnologias que sejam menos dependentes do ambiente, de capital intensivo e com capacidade para melhorar a produtividade e a qualidade dos produtos. Inclui abordagens para a gestão da água e das pragas, micro irrigação, fertirrigação, aplicação de fertilizantes no solo e nas folhas e também gestão integrada de nutrientes para atingir o objetivo.

Os coentros (*Coriandrum sativum* L.), família Apiaceae, são uma importante especiaria de semente cultivada em quase todos os estados da Índia pelas suas folhas e sementes. Os coentros são provavelmente uma das cinco especiarias utilizadas pela humanidade, tendo sido conhecidos já em 5000 a.C. Os coentros são uma erva anual originária da região mediterrânica e atualmente cultivada principalmente na Índia (área de 547421ha e produção de 527390 toneladas), em Marrocos, no Canadá, na Roménia, na Rússia, na Ucrânia, no Irão, na Turquia, em Israel, no Egipto, na China, nos

EUA, na Argentina, *etc.*, e são vulgarmente conhecidos por coentros, coentros ou salsa chinesa. A planta tem o nome de Koris, a palavra grega para inseto, uma vez que os frutos verdes têm um cheiro que tem sido comparado ao dos percevejos. É um dos condimentos mais antigos e não necessita de qualquer prólogo ou descrição, pelo menos para os caseiros, uma vez que é utilizado quase diariamente em todas as cozinhas. Nas regiões espanholas, os coentros, quando cultivados pela sua folhagem, são conhecidos como Cliantro. Os caules, as folhas e as sementes dos coentros são utilizados numa série de preparações culinárias. No entanto, as sementes secas são muito utilizadas sob a forma de pó, mas o sabor das folhas frescas é muito apreciado pelos consumidores em caris, molhos, sopas e outras preparações. Uma infusão de sementes de coentros é útil em flatulência, indigestão, vómitos e outras desordens intestinais.

As sementes de coentros têm 0,5 a 2,0 por cento de óleo essencial que contém cerca de 42 por cento de d-linalol e 21 por cento de acetato de linalilo como constituintes principais e os outros constituintes importantes são timol, cariofileno e pinenen. Para além do óleo essencial, a semente de coentro contém 19-20 por cento de óleo gordo e é rica em vitamina A e vitamina C. O óleo nos países ocidentais é utilizado para aromatizar licores como o gin, bebidas e uma variedade de géneros alimentícios. As folhas e os caules tenros dos coentros são utilizados para o tratamento de doenças como a dispepsia, a flatulência e as hemorróidas. Diz-se que as sementes secas têm propriedades diuréticas e afrodisíacas. Os coentros são também utilizados como ingrediente em muitos medicamentos ayurvédicos prescritos para curar doenças como a indigestão, a diarreia, a disenteria, a constipação e os problemas urinários. Tem um aroma agradável e, por isso, é utilizado para deter odores desagradáveis em preparações farmacêuticas. Os frutos são também utilizados em medicamentos como estimulante, carminativo, estomacal e tónico para o calor.

Os coentros são largamente cultivados como cultura de especiarias, tanto para sementes como para folhas, em quase todos os estados em escalas comerciais como Rajasthan, Andhra Pradesh, Madhya Pradesh, Tamilnadu, Gujarat, Uttar Pradesh, Bihar, Karnataka e Odisha.

Os agricultores de Orissa estão a cultivar coentros na estação rabi para fins de produção de folhas e sementes. Como a maior parte das variedades de coentros libertadas não estão facilmente disponíveis, costumavam cultivar as sementes de coentros locais do mercado, juntamente com as variedades melhoradas de sementes disponíveis em diferentes empresas privadas, obtendo um rendimento considerável devido ao rápido crescimento da planta. O aumento dos preços dos factores de produção agrícola, a flutuação ecológica e climática e o padrão de monocultura existente forçaram os agricultores a pensar numa alternativa para a diversificação das culturas. Várias práticas agronómicas, tais como a aplicação de FYM, INM, IPM, biofertilizantes e diferentes níveis de nutrientes são factores decisivos, juntamente com a manipulação agronómica das práticas existentes para o sucesso de uma cultura, tornando-a mais remuneradora. A geometria das culturas é um fator importante para otimizar o crescimento e a produção das culturas. O desempenho das culturas depende muito do espaçamento, do método de cultivo, da gestão dos nutrientes e, sobretudo, da potencialidade genética da cultura.

Uma vez que existe pouca informação disponível sobre a gestão de nutrientes para aumentar o rendimento foliar dos coentros, foi feita uma tentativa com a variedade de coentros "Super Midori" de sementes Tokita com os seguintes objectivos

1. Estudar o desempenho da variedade sob diferentes doses de nutrição azotada e potássica com sementeira em linha.

2. Registar o crescimento e o desempenho da variedade a diferentes níveis de nutrição sob o método de difusão.

3. Estudar o desempenho do rendimento da variedade sob diferentes nutrientes de azoto e potássio, juntamente com a pulverização foliar de fertilizantes solúveis.

Capítulo 2
REVISÃO DA LITERATURA

Os coentros são uma importante especiaria de semente cultivada principalmente para fins de semente e folha na Índia. Atualmente, há uma procura crescente de folhas de coentros durante todo o ano. Os investigadores e cientistas trabalharam em diferentes aspectos da gestão de nutrientes destas especiarias e culturas afins. Durante a experimentação de um ensaio, a literatura disponível sobre todas as linhas de investigação relevantes ajuda a conduzir o ensaio com mais êxito e também a estabelecer as conclusões do ensaio com provas. O presente capítulo é apenas uma secção transversal de uma tentativa de fazer uma revisão exaustiva da literatura que contribui para o conhecimento sobre o crescimento e o rendimento dos coentros em diferentes condições agro-climáticas, edáficas, de gestão dos nutrientes e da água.

Rao *et al.* (1983) referiram que o rendimento de sementes e óleo dos coentros era máximo com 100 kg N/ha. Também concluíram que a concentração de linalol no óleo essencial não foi afetada pela aplicação de azoto, mas a absorção de N, P e K pelos coentros aumentou significativamente com a aplicação.

Raghavaiash *et al.* (1985) realizaram uma experiência de campo num solo argiloso com baixo teor de azoto disponível para estudar o efeito de diferentes níveis de azoto (0, 15, 30, 45, 60 kg/ha) no crescimento e rendimento dos coentros. Observaram que a aplicação de 45 kg N/ha produziu a altura máxima das plantas, o número de sementes por planta, a produção de palha e a produção de sementes (12,35q/ha), mas um aumento adicional da taxa de azoto não se revelou benéfico.

Pareek e Sethi (1985) realizaram uma experiência para estudar o efeito de vários espaçamentos entre linhas (30, 45 e 60 cm) na produção de sementes de coentros em solo franco-arenoso com carbono orgânico (0,36%) e azoto total 78 kg N/ha, respetivamente. Verificaram que o espaçamento de 45 cm entre linhas produziu uma produção de sementes significativamente mais elevada (10,1 q/ha) em comparação com os espaçamentos de 30 e 60 cm entre linhas.

Bhati *et al.* (1987) obtiveram 1,71, 2,71 e 3,30 q/ha de rendimento de sementes de coentros superior ao controlo (6,12 q/ha) com a aplicação de 15, 30 e 45 kg N/ha, respetivamente. Também relataram um aumento dos atributos de rendimento, nomeadamente umbelas, umbelas e rendimento de sementes por planta com a aplicação de azoto.

Bhati (1988) estudou a influência de quatro níveis de azoto (0, 30, 60 e 90 kg/ha) no crescimento e rendimento dos coentros em solo de areia argilosa. Segundo os autores, a aplicação de 90 kg N/ha revelou-se melhor do que a de 60 kg N/ha no aumento da altura das plantas e na acumulação de matéria seca, ao passo que 60 kg N/ha proporcionou o máximo de ramos por planta. Também concluíram que o rendimento mais elevado resultou de 90 kg N/ha (7,06 q/ha), mas as diferenças entre 60 e 90 kg N/ha não foram significativas.

Randhawa e Singh (1988) estudaram vários níveis de azoto (0, 30, 60, 90 e 120 kg/ha) para verificar o efeito no rendimento e na qualidade das sementes de endro em solo franco-arenoso. Verificaram que a aplicação de azoto à taxa de 90 kg por hectare deu o maior rendimento de sementes (8,8 q/ha) e que um aumento adicional de azoto para além de 90 kg/ha não se revelou benéfico. A absorção de azoto nas sementes e na palha aumentou com o aumento dos níveis de azoto até 90 kg/ha e um aumento adicional do nível de azoto causou uma diminuição significativa da absorção de azoto nas sementes e na palha.

Bhati *et al.* (1988) realizaram um ensaio com quatro níveis de azoto (0, 30, 60, 90 kg/ha) em funcho num solo franco-arenoso com baixo teor de azoto, fósforo moderado e elevado teor de potássio. Concluíram que a aplicação de 90 kg N/ha produziu uma produção de sementes (15,79 q/ha) e de palha significativamente mais elevada do que os outros níveis inferiores. Também referiram que a aplicação de 90 kg N/ha e 60 kg N/ha aumentou significativamente o rendimento de óleo volátil em 63,76 e 36,69%, respetivamente, em relação ao controlo. A absorção de azoto pelo funcho aumentou significativamente com o aumento do azoto de 0 a 90 kg N/ha.

Ahmed *et al.* (1988) investigaram o efeito dos espaçamentos no crescimento e no rendimento do funcho e observaram que o número de ramos (8,48/planta), o número de umbelas (23,62/planta) e o rendimento de sementes por planta (25,88 g/planta) eram mais elevados no espaçamento de 45 cm × 30 cm em comparação com outros espaçamentos de 60 cm × 15 cm, 60 cm × 20 cm e 45 cm × 20 cm.

Bhati *et al.* (1988) registaram o efeito de vários espaçamentos entre linhas (20, 30 e 40 cm) no rendimento e nos atributos de rendimento dos coentros em solo arenoso argiloso. Verificou que os espaçamentos entre linhas de 30 e 40 cm produziam um maior número de umbelas por planta, rendimento de sementes por umbela, mas o maior rendimento de sementes foi obtido com o espaçamento entre linhas de 30 cm (6,75 q/ha)

Randhawa e Singh (1988) relataram o efeito de vários espaçamentos entre linhas (30, 45, 60 e 75 cm) na produção de sementes e na qualidade das sementes de endro num solo franco-arenoso com pH 8,2, baixo teor de carbono orgânico (0,17%) e azoto disponível (285,5 kg/ha). Observaram que o rendimento das sementes diminuiu com o aumento do espaçamento entre linhas e revelou-se significativamente superior a outros espaçamentos entre linhas na produção de sementes. A absorção de nitrogénio na semente e na palha diminuiu com o aumento do espaçamento entre linhas de 30 cm (17,6 kg/ha e 14,5 kg/ha) para 75 cm (26,4 kg/ha e 20,8 kg/ha).

Daswana *et al.* (1989) efectuaram uma experiência para verificar o efeito de vários espaçamentos (20 × 20 cm, 30 × 20 cm e 40 × 20 cm) nos coentros em solo arenoso. Observaram que o coentro sob o espaçamento mais próximo de 20 × 20 cm produziu o maior rendimento de sementes (12,5 q/ha) em comparação com outros espaçamentos mais largos de 30 × 20 cm e 40 × 20 cm, mas não observaram efeitos significativos no crescimento das plantas devido aos vários espaçamentos de 20 × 20 cm, 30 × 20 cm e 40 × 10 cm.

Bhat e Sulikeri (1992) estudaram o efeito de vários níveis de azoto (0, 40, 80 kg/ha) na produção de sementes de coentros em solo argiloso arenoso com 0,56% de carbono orgânico e 250 kg/ha de azoto disponível. Concluíram que 40 kg de azoto/ha proporcionou a maior produção de sementes (5,83 q/ha) em comparação com todos os outros níveis de azoto.

Ughreja e Chundawat (1992), numa experiência, concluíram que a aplicação de azoto em doses mais elevadas, em combinação com potassa, influencia o rendimento até 900 kg/ha nos coentros, juntamente com o aumento de outros parâmetros de crescimento.

Bhati e Shaktawat (1994) estudaram o efeito de vários níveis de azoto (0, 30, 60 kg/ha) na qualidade dos coentros em solo de areia argilosa. Observaram que a aplicação de 60 kg N/ha aumentava o rendimento do óleo essencial em 28,59% e o rendimento dos óleos gordos em 23,96% em relação ao controlo.

Nehra *et al.* (1998) efectuaram estudos com quatro níveis de fertilizante (N+P2O5 @ 60+25, 90+25, 60+37,5 e 90+37,5 kg/ha) em coentros. Concluíram que a aplicação de 90 kg de N + 37,5 kg de P2O5 / ha deu um rendimento de sementes significativamente mais elevado em comparação com todas as outras combinações de tratamento.

Nehra *et al.* (1998) referiram que o espaçamento de 30×20 cm proporcionou uma produção de sementes de coentros significativamente mais elevada em comparação com todos os outros espaçamentos.

Kaya (2000) efectuou um ensaio para determinar as datas de sementeira adequadas e a produtividade potencial dos coentros e referiu que a variedade recolhida em Erzurum produziu um rendimento de sementes de 908 kg/ha, um peso de 1000 sementes de (7,46-7,66g) e um óleo essencial de cerca de 0,28-0,33%.

Prabhu *et al.* (2002) estudaram a gestão integrada de nutrientes sobre o crescimento e o rendimento dos coentros e concluíram que a aplicação de uma dose mais elevada de azoto associada à farinha de trigo forrageiro aumenta o rendimento das sementes de coentros.

Admar *et al.* (2003) estudaram os diferentes parâmetros de crescimento e os caracteres que atribuem rendimento aos coentros e concluíram que uma dose mais elevada de azoto influencia o crescimento e o rendimento e pode produzir resultados significativos em todos os caracteres que atribuem rendimento.

Datta *et al.* (2003) relataram que a variedade Rajendra Swathi de coentros mostrou um aumento na produção de folhas e sementes com o aumento da dose de azoto.

Choudhury e Jat (2004) relataram o efeito do azoto inorgânico, do estrume de curral e do biofertilizante nos coentros e concluíram que se verifica um aumento da altura das plantas, da floração e do rendimento devido à aplicação integrada de azoto, de estrume de curral e de biofertilizante.

Malhotra e Vashishtha (2004) efectuaram uma experiência para estudar a influência do espaçamento (30 × 20 cm, 45 × 20 cm e 60 × 20 cm) no crescimento e rendimento do ajowan. Segundo os autores, o espaçamento médio de 45 cm proporcionou uma produção de sementes significativamente mais elevada (10,2 q/ha) em comparação com o espaçamento de 30 cm, mas foi equivalente ao espaçamento de 60 cm.

Okut e Yidirim (2005) compararam as vantagens relativas de diferentes espaçamentos entre linhas (20, 30 e 40 cm) e aplicações de azoto (0, 30, 60 e 90 kg ha^{-1}) no cultivo de coentros em termos de características de rendimento e qualidade. Os espaçamentos entre linhas tiveram um impacto semelhante na média de frutos por umbela e umbela por planta, mas diferiram significativamente na altura média das plantas. O número de umbelas por planta foi significativamente maior com N1 (30 kg N ha^{-1}) do que com as outras doses. Não houve diferenças significativas entre as doses de azoto para a altura média das plantas e umbelas por planta. Em média, as doses de azoto no espaçamento de 30 cm entre linhas foram superiores às doses de 20 e 40 cm em termos de rendimento biológico e de sementes. O peso de 1000 frutos não foi afetado pelo espaçamento entre linhas. No entanto, as doses de azoto diferiram nos seus efeitos sobre o rendimento de sementes e mostraram um ganho semelhante no peso biológico de 1000 frutos. Não se verificou um efeito significativo das aplicações de azoto no rendimento de feno e no índice de rendimento dos coentros. No entanto, o efeito significativo do espaçamento entre linhas foi encontrado para o rendimento do feno. O maior foi encontrado para o espaçamento de 30 cm entre linhas com uma média de 954,10 kg ha^{-1}.

Bhalerao (2007) referiu que diferentes espaçamentos e diferentes doses de azoto têm um efeito pronunciado nos caracteres de crescimento e no rendimento dos coentros. Com o aumento da dose de azoto, o rendimento e os parâmetros de crescimento desejáveis, como a altura da planta, o número de umbelas e os ramos primários, aumentaram de forma significativa.

Pawar *et al.* (2007) realizaram uma experiência com níveis graduais de espaçamento e azoto no crescimento e rendimento dos coentros e revelaram que a aplicação de 100 kg de azoto/ha produziu resultados significativos em diferentes parâmetros de crescimento como a altura da planta (34.71 cm), número de folhas/planta (44,60), número de ramos primários/planta (6,41), número de ramos secundários/planta (13,60), dispersão Este-Oeste da planta (21,39), dispersão Norte-Sul da planta

(21,08), peso fresco da planta (11,74 g), rendimento verde/planta (7,02g) e rendimento por hectare (179,26 q/ha). O coentro com espaçamento 30 x10 cm apresentou altura máxima da planta (34,19 cm), rendimento por ha (176,96 q/ha), número máximo de folhas por planta (42,60), número de ramos primários/planta (5,83) e número de ramos secundários/planta (12,42).

Singh *et al.* (2008) experimentaram onze combinações de tratamentos do fator (a) espaçamento de desbaste (4, 8 e 12 cm), fator (b) tempo de desbaste (30, 37, 44 dias) após a sementeira e fator (c) com e sem desbaste. A cultura foi semeada na primeira quinzena de novembro. O solo da parcela experimental era franco-arenoso. A sementeira de sementes de coentros foi efectuada a uma distância de 30 cm entre linhas, com uma taxa de sementeira de 15 kg/ha. A população de plantas para a cultura varia muito de região para região, dependendo do clima, do solo e das práticas de gestão. Um maior número de ramos por planta num espaçamento mais largo pode compensar a baixa população de plantas. A aplicação basal de fósforo e potássio a 40 kg/ha cada foi aplicada como uma dose comum na altura da última lavoura, o azoto @ 80 kg/ha foi aplicado em duas doses divididas, 50% no momento da sementeira e os restantes 50% após a primeira irrigação em condições adequadas de humidade do solo. A colheita foi efectuada na primeira semana de abril. A manutenção do espaçamento através do desbaste a 12 cm foi considerada melhor com base nos dados médios. Os resultados também revelaram que a altura do desbaste é útil do que sem desbaste no que respeita à produção de sementes. Conclui-se que a cv. Azad Dhania-1 com um espaçamento de 12 cm após 37 dias após a sementeira produziu um rendimento de 19,93q/ha.

Tehlan e Thakral (2008) estudaram o efeito de diferentes níveis de azoto (30, 60, 90 e 120 kg N/ha) e do corte de folhas (sem corte, um corte aos 45 dias após a sementeira) e dois cortes aos 45 e 60 dias após a sementeira de coentros (*Coriandrum sativum* L.) cv. DH-228 durante 2003-04 e 2004-05. Tanto a produção de folhas verdes como a produção de sementes aumentaram com o aumento dos níveis de N até 90 kg/ha. O corte de uma única folha no estágio inicial de crescimento vegetativo não afetou muito, mas o crescimento vegetativo e reprodutivo posterior foi afetado. A produção máxima de sementes foi registada com 90 kg N/ha (14,6 q/ha) sem corte de folhas, que foi igual a 90 kg N/ha e um corte (14,2 q/ha). A produção de folhas verdes foi mais elevada com 90 kg N/ha e dois cortes (186,4 q/ha).

Vasmate *et al.* (2008) relataram o efeito do espaçamento e do adubo orgânico na produção de sementes de coentro (*Coriandrum sativum* L.) durante a estação *Rabi* de 2003-04. Entre os diferentes espaçamentos, o tratamento S1 (30×20 cm) registou o número máximo de folhas por planta, altura por planta, número de umbelas por planta, número de umbelas por umbela, número de sementes por umbela, número de sementes por planta, rendimento de sementes por planta, peso de teste e germinação por cento. Enquanto a produção de sementes por parcela e a produção de sementes por hectare foi máxima no espaçamento (30×10 cm). Entre os adubos orgânicos (FYM 20 toneladas por ha) registou-se o máximo de altura por planta, número de folhas por planta, número de umbelas por planta, número de umbelas por umbela, número de sementes por umbela, número de sementes por planta, rendimento de sementes por planta, rendimento de sementes por parcela, rendimento de sementes por hectare, peso de teste e percentagem de germinação. O efeito da interação entre o espaçamento e os adubos orgânicos foi considerado não significativo.

Bhunia *et al.* (2009) estudaram o uso da água, a eficiência do uso da água, a absorção de azoto, o rendimento e a economia das cultivares de coentros (*Coriandrum sativum* L.) RCr-41 e RCr-435 sob vários níveis de azoto (20, 40 e 60 kg/ha) e rácios de irrigação (IW/CPE) 0,6, 0,8 e irrigação nas fases de ramificação + floração + formação de sementes). O maior rendimento de sementes (10,98 q/ha), atributos de rendimento e relação custo-benefício (2,65) foram registados com 60 kg de azoto ha^{-1}. O aumento do nível de azoto também registou um maior consumo de água e absorção de azoto. As plantas com níveis mais elevados de azoto (60 kg/ha) extraíram mais água da profundidade mais baixa (60-90 cm) do que as plantas com níveis mais baixos de azoto (20 kg/ha). O aumento da frequência de irrigação aumentou significativamente a produção e os atributos de produção de ambas as cultivares. Da mesma forma, a utilização de água, a absorção de azoto e a relação benefício/custo também foram maiores com níveis de irrigação mais elevados.

Nagar *et al.* (2009) estudaram o efeito do crescimento das ervas daninhas e das práticas de gestão dos nutrientes no crescimento, rendimento e qualidade dos coentros. A fertilização equilibrada com 60 kg de N + 30 kg de P + 30 kg de K + 30 kg de S /ha também melhorou significativamente o peso seco das ervas daninhas e a absorção de nutrientes pelas ervas daninhas, mas, simultaneamente, melhorou a absorção de nutrientes da cultura, a altura da planta, umbelas/planta, peso de 1000 sementes, rendimento biológico, teor de óleo essencial e relação B:C. O tratamento de pendimetalina

1,0 kg/ha + uma monda manual aos 45 DAS resultou no maior rendimento de sementes, na máxima eficiência de controlo de ervas daninhas (88,50%) e na relação B: C (2,13).

Balaji e Keshwa (2011) relataram o efeito da tioureia no rendimento e na absorção de nutrientes das variedades de coentro (*Coriandrum sativum* L.) em condições de semeadura normal e tardia. A cultura semeada na época normal (última semana de outubro) produziu um rendimento de sementes significativamente mais elevado (14,2 qha^{-1}), rendimento de palha (23,9 qha^{-1}) e absorção total (14,2 kgha^{-1}) de fósforo (P) em comparação com a cultura semeada tardiamente. A concentração de nitrogênio (N) e potássio (K) na semente e na palha foi significativamente maior na semeadura tardia do que na semeadura normal. A variedade RCr-43 deu maior rendimento de sementes e palha, concentrações de N e K em sementes e palha e absorção total de N, P e K em comparação com a RCr-41. A aplicação de tioureia (1000 ppm) nas fases vegetativa e de floração aumentou significativamente o rendimento das sementes (24,6%) e da palha (25,8%), as concentrações de N (25,6% e 27,3%) e K (25,2% e 26,0%) nas sementes e na palha e a absorção total de N, P e K em comparação com o controlo pulverizado com água.

Chaulagain *et al.* (2011) experimentaram com dez cultivares de coentros num modelo de blocos completos aleatórios (RCBD) replicado três vezes. Os coentros Local, Marpha Local, Mallika, Surabhi e Kalmi Chhattedar apresentaram um melhor desempenho em comparação com os outros parâmetros de crescimento, rendimento e qualidade. O rendimento mais elevado de folhas verdes (10,9 MT/ha) foi registado no Coentro Local, seguido de Mallika (9,54 MT/ha), Surabhi (9,40 MT/ha) e Kalmi Chattedar (9,24 MT/ha). Surabhi foi considerada uma cultivar promissora em condições de sementeira tardia devido ao seu maior diâmetro de roseta, número de folhas basais e comprimento da folha basal. Por conseguinte, há boas possibilidades de cultivo de coentros para a produção de folhas verdes. No entanto, é mais adequado semear as sementes na época habitual de sementeira para obter um melhor desempenho de todas as cultivares.

Ibadhullah *et al.* (2011) estudaram a resposta da produção de sementes de coentros ao fósforo e ao espaçamento entre linhas. Foram aplicados quatro níveis de fósforo (0, 15, 30 e 45 kg/ha) em quatro espaçamentos entre linhas diferentes (15, 25, 35 e 45 cm). O resultado indicou que os diferentes níveis de fósforo e o espaçamento entre linhas tiveram um efeito significativo em todos os parâmetros, no entanto, o seu efeito de interação não foi significativo na maioria dos parâmetros, com exceção da produção de sementes por hectare. O número máximo de umbelas[-1] (47,00) e o peso de 1000 sementes (10,32g) foram obtidos com 45 kg de P/ha a 45 cm de espaçamento entre linhas. Enquanto que, os dias máximos para a maturidade da primeira umbela (30,0) e dias para a maturidade da última umbela (25,33) foram registados nos tratamentos de controlo. No entanto, o rendimento máximo de sementes (1360,0 kg/ha) foi obtido quando 45 kg P/ha foi aplicado a um espaçamento entre linhas de 25 cm.

Rajaraman e Paramaguru (2011) estabeleceram o experimento em um projeto fatorial de blocos aleatórios usando quatro tratamentos com três repetições. Os tratamentos da parcela principal compreenderam duas variedades viz., Co CR-4 e CS - 11 e os tratamentos da sub-parcela compreenderam diferentes níveis de doses de fertilizantes viz., 125, 100 e 75% e N, P e K recomendados através de fertirrigação por gotejamento. Na parcela de controle a dose recomendada de NPK foi aplicada ao solo com irrigação por sulco. O fósforo foi aplicado em todos os tratamentos como aplicação basal. Os resultados revelaram que a produtividade, o retorno bruto e o retorno líquido foram maiores sob o tratamento de fertirrigação com 125% de fertilizante solúvel em água com a variedade Co CR-4. No entanto, a relação benefício/custo mais elevada foi registada no tratamento com 125% de fertilizante solúvel em água com a variedade Co CR-4.

Singh (2011) estudou a influência do vermicomposto e dos fertilizantes químicos (NPK e enxofre) no crescimento, no rendimento das sementes e do óleo e na qualidade do óleo dos coentros e referiu que a aplicação de vermicomposto (7,5 t ha[-1]) + 25% do NPK recomendado (25:125:12.5 kg ha[-1]) produziu o máximo de biomassa (28.2 q ha[-1]), semente (10.82 q ha[-1]) e rendimento de óleo (6.53 kg ha[-1]) e também concluiu que 75% das necessidades de NPK podem ser suplementadas através de vermicomposto sem perda de rendimento e qualidade de óleo.

Sharangi *et al.* (2011) realizaram uma experiência para estudar o crescimento e o rendimento dos coentros influenciados pelo azoto (N) com cinco doses diferentes (0, 1,5, 2,0, 2,5, 3,o % por volume) como pulverização foliar. A pulverização de ureia tem um impacto significativo no crescimento e no rendimento do segundo corte. A taxa de emergência de folhas (LER) foi maior durante a fase inicial de crescimento e depois drasticamente reduzida até ao primeiro corte, enquanto a taxa de alongamento do caule (SER) registou o seu valor máximo durante 75-105 DAS. O impacto da pulverização foliar foi visível durante a última fase de crescimento, com o tratamento de 2,5% de ureia a atingir a maior SER. O retorno adicional devido à pulverização foi positivo até uma dose de 2,5% de ureia e diminuiu depois disso. Assim, o estudo indicou que uma pulverização foliar de azoto (2,5% de ureia) pode ser benéfica para a produção de folhas de coentros em sistema multicut.

Aishwath *et al.* (2012) concluíram o efeito de PSB, Azotobacter e a sua combinação em caracteres de crescimento e atributos de rendimento de coentros. As sementes divididas de coentros foram inoculadas com Azotobacter e PSB isoladamente e com as suas combinações. A cultura bacteriana foi utilizada a 10g kg^{-1} de sementes. Os resultados revelaram que a altura da planta em vários estágios e o número de ramos primários e secundários foram maiores com a inoculação combinada de PSB e Azotobacter. No entanto, o DAS até à germinação, o DAS até 50% e a floração completa e o número de umbelas por planta não foram influenciados por estes inoculantes. Os números de umbelas/umbel, sementes, palha e rendimentos biológicos foram mais elevados com a utilização combinada de biofertilizantes, o que foi igual à inoculação individual. A percentagem de rendimento de sementes aumentada com a utilização de Azotobacter, PSB e as suas combinações de ambos foi de 8,8, 11,6 e 18,5, respetivamente, em comparação com o controlo. O conteúdo de carotenóides aos 60 DAS foi maior com a inoculação de PSB e o conteúdo de proteínas na palha foi aumentado com o uso individual e combinado de inoculantes.

Shirkhodaei *et al.* (2012) estudaram a influência do vermicomposto e do bioestimulante no crescimento e biomassa com altura da planta de coentro, peso fresco da planta, peso seco da planta e rendimento de biomassa. A experiência foi realizada em blocos completos aleatórios com oito tratamentos e três repetições. Os factores foram o vermicomposto em quatro níveis (0, 3, 6 e 9 toneladas/ha) e o bioestimulante, ou seja, a mistura de *Azotobacter chroococcum* e *Azospirillum lipoferum* em dois níveis (sementes não inoculadas e inoculadas). Os resultados actuais mostraram que o maior peso fresco da planta, peso seco da planta e rendimento de biomassa foram obtidos com a aplicação de nove toneladas/ha de vermicomposto. O bioestimulante também mostrou efeitos significativos na produção de biomassa. O rendimento máximo de biomassa foi obtido com a utilização do bioestimulante (sementes inoculadas). Os resultados também mostraram que a interação entre o vermicomposto e o bioestimulante foi significativa no peso fresco e no peso seco da planta.

Dyulgern e Dyulgerova (2013) estudaram 81 acessos de coentro e encontraram uma grande variação para a maioria dos caracteres estudados em acessos de germoplasma. A altura da planta variou de 48,67 a 101,67 cm e foi a caraterística mais baixa com um CV de 13,77 por cento. O número médio de ramos por planta foi de 7,81 e variou de 5 a 12 ramos em diferentes acessos. O número de umbelas por planta variou de 11,00 a 40,67 e o CV foi de 30,30 por cento. O número de frutos por umbela variou de 17,00 a 58,00 e com um CV de 24,04 por cento. Os acessos de coentros apresentaram uma grande variação no peso dos frutos por umbela e no peso dos frutos por planta. O peso do fruto por umbela variou de 0,06 g a 0,51 g e o CV foi de 43,17% e o peso do fruto por planta variou de 1,19 g a 7,08 g e o CV foi de 42,23%. O peso de 1000 frutos também apresentou uma ampla variação de 3,52 a 13,13 g com um CV de 34,85.

Guha *et al.* (2013) realizaram um ensaio com uma variedade local de coentros X-47 (tipo de folha) sem corte, com um corte e com dois cortes em diferentes meses (abril-agosto) e verificaram que, em condições de rede de sombra, as sete sementes de junho produziram um rendimento de 771,70 $g/3m^2$ com dois cortes foi considerado o melhor para aumentar o rendimento foliar dos coentros.

Guha *et al.* (2013) tentaram otimizar a época de sementeira e a gestão do corte para a produção de folhas e sementes de coentros em situação protegida. Foram registadas observações fonológicas [por exemplo, o tempo necessário para a germinação, o tempo necessário para o aparecimento de 1 folha[st] , 2 folhas[nd] e 3 folhas[rd] , o tempo necessário para o início da folha serrilhada, o tempo necessário para a floração, o tempo necessário para a fixação das sementes, o tempo necessário para a maturidade fisiológica, os componentes do rendimento [por exemplo, o rendimento de folhas verdes/parcela ($g/3m^2$), o rendimento de sementes/parcela ($g/3m^2$)]. Os resultados revelaram que o cultivo protegido nos dias de verão era uma alternativa possível para os agricultores controlarem os factores climáticos externos que podem afetar a germinação das sementes de coentros e a produção de folhas. As sementes semeadas em junho registaram o maior número de folhas e produziram o maior rendimento foliar e de sementes.

Hesami *et al.* (2013) verificaram que a aplicação de ácido salicílico (SA) e os intervalos de irrigação influenciaram a produção de sementes de coentros. Dois níveis de irrigação, incluindo irrigação a cada 4th dias e irrigação a cada 8th dias, foram comparados em parcelas principais. Quatro níveis de ácido salicílico (SA) incluindo: 0, 0.01, 0.1 e 1mM de SA foram atribuídos em sub-parcelas. Os resultados mostraram que a redução do intervalo de irrigação de 8 para 4 dias melhorou estatisticamente o número de umbelas por planta, o número de sementes por planta e a produção de sementes. A aplicação de doses mais baixas de SA aumentou o número de umbelas e de sementes por planta e a produção de sementes. A avaliação dos efeitos da interação entre a irrigação e o SA revelou que, em condições óptimas de disponibilidade de água, a cultura foi mais sensível à dose mais baixa de SA revelou que, em condições óptimas de disponibilidade de água, a cultura foi mais sensível à dose mais baixa de SA. Por outro lado, em condições de défice hídrico, a dose mediana de SA (0,1 mM) foi mais eficaz no aumento da produção de sementes, indicando o papel positivo e melhorador do SA em condições de stress por deficiência hídrica.

Jamali e Martirosyan (2013) estudaram quatro níveis de azoto (0, 60, 90, 120 kg/ha) e fósforo (0, 80, 100, 120 kg/ha) juntamente com a irrigação baseada na evaporação da panela. Os resultados mostraram que a irrigação, os fertilizantes de azoto e fósforo tiveram um efeito significativo no peso das sementes, peso por planta, peso de 1000 sementes e altura das plantas. A comparação dos dados revelou que a maior altura de planta e peso por planta foi obtida com a irrigação após 30 mm de evaporação da evaporação da panela e aplicação de 120 kg de azoto e 120 kg de fósforo por/ha.

Mallik e Tehlan (2013) efectuaram um ensaio com treze cultivares/acessões de coentros e avaliaram vários parâmetros de crescimento, o rendimento das sementes e o teor de óleo essencial. Foram obtidas diferenças significativas para todos os parâmetros. A altura da planta variou de 96,7 a 121,6, o número de ramos de 6,1 a 10,3, umbelas por planta de 51,4 a 65,9, umbelas por umbela de 3,8 a 6,0 e sementes por umbela de 27,6 a 36,1. O rendimento máximo de sementes foi registado como 2104 kg/ha em DH-233 seguido por DH-220 (2053 kg/ha) mostrando um aumento de 19,68 e 1678% de rendimento de sementes superior em relação a Hisar Anand (controlo) respetivamente. Embora não tenham sido observadas diferenças significativas no conteúdo de óleo essencial entre as cultivares, o DH-220 produziu o maior conteúdo de óleo essencial (0,39%).

Patel *et al.* (2013) relataram o efeito de níveis variáveis de azoto e enxofre no crescimento e rendimento dos coentros. Quatro níveis de combinação de azoto (20, 40, 60 e 80 kg Nha^{-1}) e enxofre (0, 10, 20 e 30 kg ha^{-1}) no ensaio revelaram que a aplicação de 80 kg ha^{-1} de azoto apresentou o maior rendimento de sementes de 1203 kg ha⁻¹ e rendimento de palha de 1596 kg ha⁻¹. O desempenho mais elevado é atribuído a uma melhoria significativa nos parâmetros de crescimento e rendimento, nomeadamente, altura da planta, número de ramos por planta, número de umbelas por planta, número de umbelas por umbela, número de sementes por umbela, peso do teste (g) e peso da semente por planta (g). Entre os níveis de enxofre 30 kg ha⁻¹ registou um rendimento de sementes significativamente mais elevado 1184 kg ha⁻¹ e rendimento de palha 1577 kg ha⁻¹ e também melhorou os parâmetros de crescimento e crescimento viz., número de ramos da planta⁻¹, número de umbelas da planta⁻¹, peso de teste e peso de sementes por planta (g) e tanto a aplicação de azoto como de enxofre teve um efeito positivo na proteína, conteúdo de óleo volátil e rendimento total de óleo em coentros.

Saxena *et al.* (2013) estudaram os parâmetros morfofisiológicos e de relação hídrica das plantas dos genótipos de coentros e a sua correlação com o rendimento das sementes, a fim de descobrir os parâmetros adequados a utilizar no rastreio de um grande número de germoplasma para o rendimento e caracteres relacionados. O genótipo ACr - 1 apresentou mais peso de raiz do que peso de rebento durante todo o período de crescimento RCr - 41. A taxa de fotossíntese foi maior (6,63 μmol/m²/s). No genótipo RCr - 41, os parâmetros de comprimento da parte aérea e da raiz nos estágios iniciais de crescimento mostraram efeito direto no rendimento das sementes e, aos 60 DAS, os principais parâmetros de crescimento mostraram relação direta e positiva com o rendimento. No genótipo ACr - 1, o comprimento do rebento aos 45 DAS e o comprimento da raiz aos 60 DAS mostraram uma relação significativa com a produção. Assim, estes dois parâmetros podem ser seleccionados para o rastreio de germoplasma para maior rendimento.

Shanu *et al.* (2013) estudaram o efeito do tratamento de sementes e da pulverização foliar de tioureia no crescimento, rendimento e qualidade dos coentros (*Coriandrum sativum* L.) sob diferentes níveis de irrigação. A experiência consistiu em três níveis de irrigação (em parcelas principais) viz., (I1-um, I2-três e I3-seis irrigações) e seis tratamentos de tioureia (em subparcelas) viz., (T1-Controlo, T2-Tioureia 500 ppm tratamento de sementes durante 4 horas. T3-Tioureia 1000 ppm tratamento de sementes por 4 horas, T4-Tioureia 500 ppm pulverização foliar nos estágios vegetativo e de floração, T5-Tioureia 500 ppm tratamento de sementes por 4 horas + Tioureia 500 ppm pulverização foliar nos estágios vegetativo e de floração e T6-Tioureia 1000 ppm tratamento de sementes por 4 horas + Tioureia 1000 ppm pulverização foliar nos estágios vegetativo e de floração. Ambos os níveis de irrigação e tratamentos com tioureia influenciaram significativamente o crescimento, a produção e os atributos de qualidade dos coentros. O nível de irrigação I3 e o tratamento com tioureia T6 resultaram numa altura da planta significativamente mais elevada aos 90 DAS, número de ramos da planta^{-1} , peso fresco das folhas da planta^{-1} , peso seco das folhas da planta^{-1} dias até à colheita, número de umbelas da planta^{-1} , número de umbelas da umbela^{-1} , número de sementes da umbela^{-1} , peso do teste, rendimento da semente, rendimento da palha, rendimento biológico, teor de clorofila das folhas, teor de óleo essencial das sementes e rendimento líquido. No entanto, os dias até 50% de floração não foram significativamente afectados pelos tratamentos com tioureia. O índice de colheita e a relação custo/benefício máximos também foram encontrados com o nível de irrigação I3 e o tratamento com tioureia T6.

Tripathi *et al.* (2013) avaliaram o efeito de fontes orgânicas e inorgânicas de nutrientes na produtividade e na economia dos coentros (*Coriandrum sativam* L.). Todos os tratamentos resultaram em valores significativamente mais elevados de atributos de rendimento e atributos de rendimento de sementes e rendimento de sementes de coentros em relação ao controlo. A aplicação de 50% RDF + FYM @ 5 t ha^{-1} + PSB @ 2,5 kg ha^{-1} registou a altura máxima da planta (125,48 cm), número de ramos primários e secundários por planta (15,20 e 34,20) dias para 50% de floração (82.58), número de umbelas por planta (54.18), umbelas por umbela (5.84), grãos por umbela (5.79), dias para maturação (140.25), peso de teste (13.8g), rendimento de semente (16.8 q ha^{-1}), retorno líquido (Rs. 37280 ha^{-1} e razão B:C (4.38). Assim, a integração de fertilizantes inorgânicos com fontes orgânicas melhorou as condições físico-químicas e biológicas dos solos e, finalmente, ajudou a aumentar os atributos de rendimento e o rendimento do coentro.

Moniruzzaman *et al.* (2013) estudaram a produção de folhagem em diferentes genótipos de coentros em quatro genótipos (CS - 001, CS - 002, CS - 003 e CS - 008) e três métodos de sementeira (sementeira em linha contínua espaçada a 10 cm, 20 cm e método de difusão) e três níveis de taxa de sementes (30, 40 e 50 kg/ha) foram utilizados como variáveis de tratamento. Os resultados mostraram que os genótipos CS - 003 isoladamente deram o máximo de altura de planta, número de folhas/planta, peso de planta única, e peso de planta /m^2 e assim deram o maior rendimento de folhagem/ha. A sementeira em linha (10 cm), método de difusão com uma taxa de sementes de 50 kg/ha produziu independentemente o peso máximo da folhagem/m^2 e o rendimento da folhagem/ha. A semeadura em linha (10 cm) com taxa de semente de 50 kg/ha produziu o maior rendimento de folhagem no caso dos genótipos CS - 001, CS - 002 e CS - 003, que foi seguido de perto pelo método de difusão e a mesma taxa de semente. No entanto, a sementeira em linha (10 cm), bem como o método de difusão aplicado com 40 kg/ha de taxa de sementeira, produziram melhor rendimento foliar nos genótipos CS - 008.

Hamte *et al.* (2013) realizaram uma experiência durante 2008-09 e 2009-10 para estudar o efeito de diferentes biofertilizantes, nomeadamente PSB, fixadores de nitrato e KM, juntamente com vermicomposto (2 t/ha, NPK (30:30:15 kg ha^{-1}) e adubos orgânicos (estrume de vaca @ 20t ha-1) no comportamento de crescimento do coentro. Foram efectuados nove tratamentos com três repetições. A inoculação combinada de biofertilizantes juntamente com vermicomposto e NPK (T6) mostrou superioridade em relação à altura da planta tanto aos 45 DAS (40,80cm) como na maturidade (63,96 cm), número de ramos primários (7,42) e secundários (13,07), perímetro do caule (3.37cm), comprimento da raiz (14.39cm) seguido pelo tratamento T3 (Azospirillum + Vermicomposto + NPK) onde a altura da planta, número de ramos primários e secundários, perímetro do caule e comprimento da raiz foram 63.09cm, 7.35, 12.22, 3.27cm e 14.05cm respetivamente. O tratamento T6 apresentou precocidade para 50% de floração (61,66) e fixação de sementes (79,49), dias para fixação de frutos (96,79) e maturidade (103,96). A produção de sementes também foi maior com T6 (13,34 t/ha) seguido por T3 (13,06 t/ha), e foi menor (6,19 t/ha também) quando as plantas foram cultivadas com esterco de vaca. A utilização de biofertilizantes é, por conseguinte, recomendada como uma abordagem à gestão integrada de nutrientes para um melhor rendimento dos coentros e a manutenção da saúde do solo.

Dinani *et al.* (2014) concluíram que a utilização de fertilizantes não químicos na agricultura biológica contribui para a saúde e sustentabilidade do solo. O vermicomposto, como fertilizante orgânico, tem a capacidade de produzir alguns nutrientes essenciais para apoiar o crescimento das plantas, em comparação com os fertilizantes químicos. A utilização de quantidades adequadas de vermicomposto como fonte importante de azoto e a sua substituição da ureia melhorará a qualidade e a saúde do solo para a geração futura. Neste contexto, foi realizada uma experiência para comparar a aplicação de vermicomposto e ureia e as suas combinações como fonte de fertilizantes de azoto. Após a normalização dos teores de azoto inorgânico no solo, foram seleccionados 5 níveis de fertilizantes N (controlo, 100% vermicomposto, 66,6% vermicomposto + 33,3% ureia, 66,6% ureia + 33,3% vermicomposto e 100% ureia), que foram utilizados em duas cultivares locais de coentros ("Hamedani" e "Isfahani"). Os resultados desta experiência mostraram que a utilização de vermicomposto e de ureia por si só aumentou significativamente (P=0,05) a produção de sementes (36,2 e 53,5%, respetivamente). A combinação de vermicomposto e ureia (66,6 e 33,3% respetivamente) também aumentou a produção de sementes (112,1%). A mesma tendência foi encontrada para o peso seco total. Não houve diferença significativa entre as duas cultivares em relação ao peso seco e à produção de sementes. Especula-se que o vermicomposto tem o potencial de substituir a ureia na cultura do coentro.

Capítulo 3

MATERIAIS E MÉTODOS

Foi realizada uma experiência de campo intitulada "Integrated Nutrient Management in Coriander Variety Super "Midori" no Departamento de Ciências Vegetais, OUAT, Bhubaneswar, durante o Rabi 2013-14. As diferentes técnicas de investigação e os materiais e métodos seguidos foram descritos em pormenor neste capítulo.

3.1 Sítio experimental

A experiência de campo intitulada "Integrated nutrient management in coriander Variety super Midori" foi realizada na parcela experimental do Departamento de Ciências Vegetais, OUAT, durante 2013-14.

3.2 Solo

Antes da colocação do solo, foi analisada uma amostra composta de solo através da recolha de solo de vários pontos, seguindo o procedimento de amostragem e sendo uniformemente misturada e dividida de cada vez para obter uma amostra de trabalho de 500 gramas. A amostra de trabalho foi analisada e a composição físico-química do solo do campo experimental é apresentada na Tabela (a & b).

Tabela 1(a) Composição mecânica do solo.

Sl. No.	Constituents	Composition	Methods followed	Scientist
1	Sand	66 %	Bouycous hydrometer method	Piper (1966)
2	Silt	16 %		
3	Clay	18 %		
4	Textural class	Medium sandy loam	International Triangle	Piper (1966)

25

Quadro 1 (b) Composição química do solo.

Sl. No.	Constituent	Composition	Method followed	Scientist
1	Available Nitrogen (kg ha^{-1})	181.2 kg/ha	Alkaline permanganate method	Subbiah and Asija (1956)
2	Available Phosphorous (kg ha^{-1})	20.4 kg/ha	Bray's Extractant method	Page *et al.*(1982)
3	Available Potassium (kg ha^{-1})	133.6 kg/ha	NH$_4$Ac method	Jackson (1973)
4	Organic Carbon	3.94 gm/kg	Walkley and Black wet oxidation method	Page *et al.*(1982)
5	Soil pH	6.5	Beckman's Electronic meter	Jackson (1973)

3.4 Clima

Bhubaneswar situa-se a 22^0 15' de altitude a norte, 80^0 22' de longitudes a leste e a uma altitude de 25,5 graus do nível médio do mar. Situa-se na zona de clima tropical. Bhubaneswar fica a 63 kms da Baía de Bengala em direção a oeste. A temperatura média máxima e mínima, a humidade relativa, a precipitação e a hora média de sol durante o período de cultivo são indicadas abaixo.

Quadro-2 Dados meteorológicos de outubro a fevereiro de 2013-14

Month	Temperature(^{0}C)			Rainfall (mm)		Relative Humidity (%)			Bright Sunshine Hour
	Max.	Min.	Mean	Rainfall in (mm)	No. of rainy days	Morning	Afternoon	Mean	
December -2013	28.9	14.4	21.65	0.0	0	87	38	62.5	3.0
January- 2014	28.8	15.1	21.95	0.0	0	92	45	68.5	4.5
Febrauary -2014	32.0	17.0	24.5	21.8	1	92	46	69	7.8
March- 2014	35.0	21.4	28.2	53.2	3	91	50	70.5	7.6

Fonte - Observatório Metrológico, OUAT

Fig 1(a) Os dados metrológicos indicam a temperatura média e a humidade relativa média durante o Rabi 2013-14

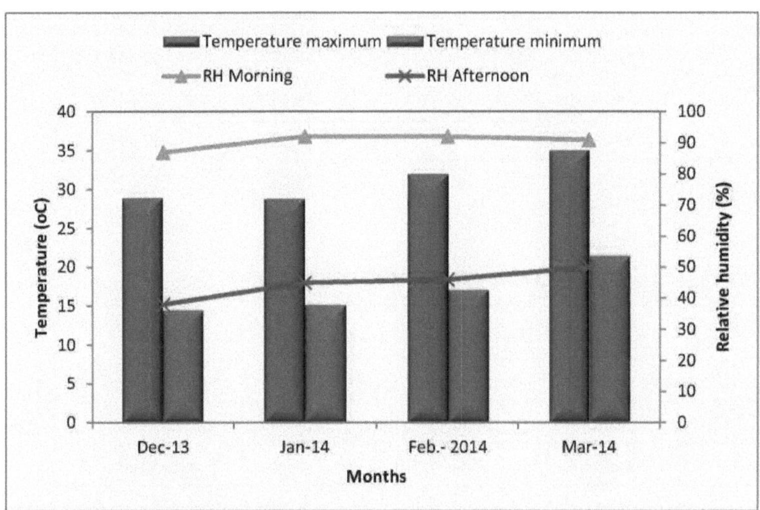

Fig 1 (b) Os dados metrológicos indicam a queda de chuva e o número de dias de chuva durante o Rabi 2013-14.

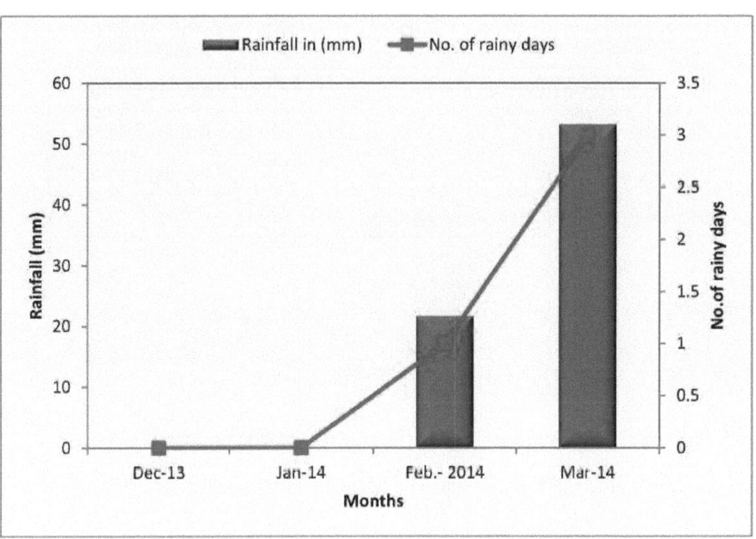

3.5 Historial das culturas do campo

	Kharif	Rabi	Summer
2011-12	fallow	fallow	Amaranathus
2012-13	Okra	Amaranathus	Cucumber
2013-14	Fallow	Coriander	Brinjal

3.6 Preparação do terreno.

A preparação geral do domínio experiencial é apresentada a seguir.

Sl. NO.	Operation	Remarks
1	Preparation of field	By Manual Labour
2	Hoeing of field	By Manual Labour
3	Preparation of plots	By Manual Labour
4	Removal of dry grass	By Manual Labour
5	Lay out and leveling	By Manual Labour
6	Application of FYM @ 20 t/ha	By Manual Labour
7	Application of fertilizers	By Manual Labour
8	Soaking & sowing of seed	By Manual Labour
9	Watering of plot	By Manual Labour
10	Spraying and weeding	By Manual Labour
11	Recording of observation & harvesting	Self

3.6 Técnicas experimentais

3.6.1 Conceção do projeto experimental e plano de implantação:-

A presente experiência é constituída por seis tratamentos com quatro repetições, num esquema de blocos aleatórios (Fatorial). A variedade de coentros "Super Midori" foi semeada no campo experimental. O pormenor da experiência realizada é apresentado a seguir.

1. Desenho - Desenho completo de blocos aleatórios (fatorial).

2. Número de tratamentos - 6

3. Número de réplicas - 4

4. Número de ensaios-2 (sementeira em linha e radiodifusão)

5. Total do número de parcelas - 24

6. Tamanho da parcela - 1mtx1,5 mt

7. Espaçamento - linha a linha -10 cm

linha a linha - sementeira contínua e fina de sementes

8. Número de linhas por parcela - 14

9. Comprimento do campo experimental - 10,5 mt

10. Largura do campo experimental - 5 mt

11. Área do campo experimental - 52,5 m^2

12. Foram efectuados dois ensaios, um para exibição em linha e outro para difusão.

Níveis de fertilizantes químicos

N1 - 50 kg de azoto/ha.

N2 - 60 kg de azoto/ha.

N3 - 70 kg de azoto/ha.

K1 - 50 kg de potássio/ha.

K2 - 60 kg de potássio /ha.

FYM- @ 20 t/ha.

Pulverização foliar de 1% de ureia, 19:19:19 e 13:0:45 de fertilizante solúvel.

Detalhes dos tratamentos

T1- N1PK1- 50:40: 50

T2- N1PK2-50:40: 60

T3 - N2PK1 - 60:40:50

T4 - N2PK2 - 60:40:60

T5 - N3PK1 - 70:40:50

T6 - N3PK2 - 70:40:60

APRESENTAÇÃO DA LINHA

R_I	R_{II}	R_{III}	R_{IV}
T_1	T_6	T_3	T_6
T_2	T_5	T_5	T_3
T_3	T_1	T_4	T_2
T_4	T_2	T_1	T_4
T_5	T_3	T_6	T_5
T_6	T_4	T_2	T_1

BROADCASTING

R_I	R_{II}	R_{III}	R_{IV}
T_6	T_4	T_3	T_2
T_5	T_6	T_1	T_4
T_2	T_3	T_5	T_3
T_3	T_1	T_4	T_1
T_4	T_2	T_6	T_5
T_1	T_5	T_2	T_6

Fig. 2 Plano de implantação da experiência

Fig. 3. Vista geral do campo experimental

Origem do material de plantação:

O material de plantação de coentros da variedade "Super Midori" foi recolhido num

31

distribuidor fiável de sementes Tokita de Bhubaneswar.

Carácter varietal:

A variedade Super "Midori" de coentros de semente Tokita é cultivada comercialmente em Odisha pelos agricultores devido ao seu hábito de crescimento e bom aroma. É cultivada comercialmente pelo seu crescimento luxuriante, elevado rendimento foliar e menor aparecimento de bolhas nas condições climáticas de Odisha.

Realização da experiência:

1.   Preparação do campo experimental:

O campo experimental foi pré-embebido com água de irrigação e foi levado a uma terra adequada por phawarh. O solo foi deixado a secar durante dois dias, depois todos os torrões foram partidos e as ervas daninhas foram removidas.

2.   Preparação do terreno:

As parcelas foram divididas em quatro repetições e seis tratamentos de acordo com o projeto, com pequenas ligações entre as parcelas.

3.   Aplicação de adubo e fertilizante:

A quantidade calculada de FYM foi seca e o composto decomposto foi aplicado em cada campo. De acordo com os diferentes tratamentos, foi feita uma aplicação separada de fertilizante em cada parcela com ureia, SSP e potássio, que foi bem misturada na parcela com a ajuda de um ancinho de jardim. Todas as doses de fertilizantes foram aplicadas como basal. O azoto também foi aplicado como basal na experiência.

4.   Sementeira de sementes :

As sementes foram postas de molho durante a noite. A quantidade calculada de sementes foi semeada em linha e lançada em linhas em dois conjuntos diferentes.

5.   Monda e sachadura:

Após a germinação das sementes, procedeu-se a uma rega ligeira e a uma sacha entre as linhas, removendo cuidadosamente as ervas daninhas.

6.   Rega do sítio experimental:

De acordo com as necessidades de humidade do solo, foi feita uma irrigação muito ligeira com a ajuda de um tubo de PVC para manter o solo húmido. A rega subsequente foi feita com um intervalo de 3-4 dias, de acordo com o estado de humidade do solo.

7.   Medidas de proteção das plantas:

Não foi detectada qualquer incidência de pragas de insectos, pelo que não foram tomadas medidas de proteção das plantas durante a experiência.

Recolha de dados experimentais:

Processo de amostragem:

Dez plantas ao acaso de cada tratamento em cada repetição foram tomadas para registar os dados experimentais. Durante a experiência, foram registadas as observações necessárias sobre caracteres como dias de germinação, percentagem de germinação, altura da planta após 30th dias, altura da planta após 35th dias, número médio de folhas, área média das folhas cm^2 , média de ramos primários por planta, altura do aparecimento da primeira folha, comprimento da raiz, peso da planta, peso médio da raiz, rendimento por parcela, rendimento por hectare, rendimento devido à pulverização foliar de 1% de ureia (tons/ha), rendimento devido à pulverização foliar de 1% de ureia (kg/parcela), rendimento de folhas (kg/parcela) devido à pulverização de fertilizante solúvel (19:19:19), rendimento de folhas (tons/ha) devido à pulverização de fertilizante solúvel (19:19:19, rendimento de folhas (kg/parcela) devido à pulverização de fertilizante solúvel (13:0:45), rendimento de folhas (tons/ha) devido à pulverização de fertilizante solúvel (13:0:45)

Personagens estudados:

As observações sobre os seguintes caracteres foram registadas nas plantas marcadas em cada parcela

1.   Dias para 50% de germinação:

Após a sementeira e a transmissão de sementes embebidas de coentros, a observação de 50% da germinação das sementes em cada tratamento foi registada em dias e a média dos dados foi utilizada para análise estatística.

2.   Percentagem de germinação:

Em cada tratamento foi calculado o número e o peso da amostra de sementes. Foi feita a sementeira em linha e a transmissão. Após 7 dias, iniciou-se a germinação e após 15th dias da sementeira, a população de plantas germinadas foi contada e expressa em percentagem.

3.   Altura (cm) da planta em 30th dias:

A altura das plantas da amostra a partir do solo (deixando as raízes) foi medida por uma escala de metros em 30th dia. A média das dez plantas da amostra foi calculada para obter a altura da planta em centímetros.

4.   Altura (cm) da planta em 35th dias:

A altura de dez amostras de plantas aos 35th dias da sementeira foi observada e a medição foi efectuada com a ajuda de uma balança. A média das dez amostras de plantas foi calculada para obter a altura das plantas em centímetros.

5.   Número de folhas por planta:

O número de folhas por planta é uma caraterística desejável para o coentro quando é cultivado para fins foliares. Aquando da colheita, o número de folhas de cada planta foi calculado e a média foi calculada para determinar o número de folhas por planta.

6.   Área foliar (cm^2):

A área foliar é um carácter desejável para a produção de folhas nos coentros. A área foliar das plantas seleccionadas foi medida em medidor de área foliar e a média da área foliar das plantas da amostra foi experimentada em cm^2 .

7.   Número de ramos primários por planta :

O número de ramos primários por planta foi calculado na altura da colheita das plantas da amostra. A média dos dados foi calculada para obter o número de ramos primários por planta

8.   Altura de aparecimento da primeira folha:

A altura em que aparece a primeira folha das plantas da amostra foi tomada após a colheita e a média foi utilizada para análise.

9.   Comprimento da raiz:

Após a colheita das plantas da amostra, o comprimento da raiz de todas as plantas colhidas foi tomado e a média foi utilizada para análise.

10.   Peso das raízes:

As amostras de plantas seleccionadas foram arrancadas e mantidas para diferentes observações em ambos os ensaios. As porções de raiz das plantas seleccionadas foram cortadas, limpas e o peso das raízes das plantas foi medido numa balança eléctrica e o peso médio da raiz foi expresso em gramas.

11.   Peso da planta:

Após a colheita das plantas de amostra, as raízes foram libertadas por batidas repetidas e o peso das plantas de amostra na sementeira em linha e na transmissão foi tomado separadamente e utilizado para análise estatística.

12.   Rendimento / parcela (kg) :

O rendimento das folhas de coentros em cada colheita foi registado. Após a colheita completa, foi calculado o rendimento por parcela e os dados foram utilizados para análise.

13.   Rendimento por hectare (toneladas):

O rendimento de cada parcela foi somado após cada colheita. O rendimento por parcela foi calculado para determinar o rendimento de folhas/por hectare.

14.   Rendimento por parcela com 1% de ureia pulverizada:

Aos 18th dias de germinação foi efectuada uma pulverização com 1% de ureia, tanto na sementeira em linha como na transmissão. As linhas de plantas seleccionadas foram colhidas separadamente e o rendimento por parcela foi calculado.

15. Rendimento (tons/ha) com 1% de pulverização de ureia:

Na experiência, foram registados os dados das plantas seleccionadas na sementeira em linha e na sementeira em radiodifusão e foi calculado o rendimento por parcela; a partir do rendimento por parcela, foi calculado o rendimento por hectare, expresso em toneladas/ha.

16. Rendimento de folhas por parcela com fertilizantes solúveis em água (19:19:19):

Após 18th dias de germinação 19:19:19 fertilizante solúvel @ 7g/litro foi pulverizado na linha selecionada e o rendimento por parcela em kg foi registado na colheita e utilizado para análise estatística.

17. Rendimento de folhas (tons/ha) devido à pulverização de fertilizante solúvel (19:19:19)

O fertilizante solúvel em água (19:19:19) foi aplicado à taxa de 7 gm por litro no 18[oth] dia de germinação e o rendimento por parcela foi calculado. A partir dos dados de rendimento por parcela, foi obtido o rendimento por hectare em toneladas.

18. Rendimento de folhas com pulverização de adubo solúvel (13:0:45):

Após 18th dias de germinação foi aplicado um fertilizante solúvel 13:0:45 a 7g/litro e o rendimento por parcela foi registado na altura da colheita.

19. Rendimento de folhas (tons/ha) devido à pulverização de fertilizante solúvel (13:0:45)

O fertilizante solúvel (13:0:45) foi aplicado nas linhas seleccionadas aos 18th dias de germinação e na colheita foi calculada a produção por parcela e a partir desses dados foi obtida a produção de folhas em toneladas por hectare.

Análise de variância (ANOVA) e teste de significância.

A análise de variância (ANOVA) foi realizada nos valores médios das parcelas separadamente para cada carácter, adoptando a análise padrão das técnicas de variância do desenho R.B.D (Panse e Sukhatne 1985). A análise de variância para cada um dos caracteres foi realizada com os dados de valor médio recolhidos no conjunto de experiências, ou seja, sementeira em linha e transmissão. Os dados foram utilizados para dividir a variância total em componentes devidas a repetições, tratamento e erro. O teste "F" foi utilizado para testar a significância dos resultados. O erro padrão adequado para cada fator foi calculado para comparar os dois tratamentos e a diferença crítica (CD) foi calculada a um nível de significância de 5% utilizando as seguintes fórmulas.

Erro padrão da diferença SE (d) para o azoto $(N) = \sqrt{\dfrac{2 \times EMs}{r \times k}}$

Erro padrão da diferença SE (d) para o potássio $(K) = \sqrt{\dfrac{2 \times EMs}{r \times n}}$

Erro padrão da diferença SE (d) para $N \times K = \sqrt{\dfrac{2 \times EMS}{r}}$

Diferenças críticas (CD) = SE(d) x 't' no erro df a um nível de significância de 5%.

Onde, EMs= Erro quadrático médio

SE(d)= Erro padrão da diferença.

e.d.f = grau de liberdade do erro.

t = Valor de "t" ao nível de significância selecionado.

r = Número de réplicas.

n = teores de azoto.

k = níveis de potássio.

Capítulo 4

RESULTADO EXPERIMENTAL

A experiência intitulada "Gestão integrada de nutrientes nos coentros", variedade Super Midori, foi realizada na parcela de demonstração do Departamento de Ciências Vegetais com diferentes doses de azoto, potássio e quantidade uniforme de fósforo e FYM e pulverização foliar de fertilizantes solúveis, para observar o rendimento foliar e outras características dos coentros que controlam o seu crescimento e desenvolvimento. As observações foram registadas em dois percursos, um na sementeira em linha e outro na difusão de sementes. Os dados obtidos foram utilizados para calcular os respectivos valores médios e analisados estatisticamente com vista a descobrir o efeito significativo dos diferentes tratamentos. Os dados são apresentados em forma de tabela e o erro padrão relevante da média, bem como a diferença crítica (CD) a 5% de nível de significância, são resumidos nas páginas seguintes.

4.1 Dias para a germinação (sementeira em linha)

Os dias para a germinação das sementes são tabulados e apresentados no Quadro 3 e a Fig. 4 revela que foi registada uma média máxima de dias para a germinação das sementes de 8,5 dias em todos os tratamentos.

A aplicação de diferentes doses de potássio levou 8,41 dias para germinar com K2 e 8,58 K1.

No entanto, com a interação, o número máximo de dias para a germinação (8,75) foi encontrado com N2K1 e 8,50 foi registado com N1K1, N3K1, N1K2, N3K2 e o mais baixo de 8,25 em N2K2.

Tabela-3 Dias para a germinação (sementeira em linha)

Mean table			
	K_1	K_2	Mean
N_1	8.50	8.50	**8.50**
N_2	8.75	8.25	**8.50**
N_3	8.50	8.50	**8.50**
Mean	**8.58**	**8.41**	

		N	K	N x K
	Sem	0.437	0.309	0.535
NS	CD 5%	1.316	0.931	1.612
NS	CV %	16.78		

Dias até à germinação (difusão)

Os dados apresentados no Quadro 4 e na Fig. 5 revelam que o dia máximo (9,25) para a germinação foi registado em N2, seguido de 8,5 dias em N3 e 8,13 dias em N1.

A aplicação de diferentes doses de potássio levou 8,92 dias para a germinação em K1 e 8,3 dias para a germinação em K2.

No que diz respeito ao efeito de interação, registou-se um máximo de dias para a germinação com N2 K1 (9,75), seguido de 9,0 dias para germinar em N3K1, 8,75 dias para germinar em N2K2, 8,25 dias para germinar em N1K1& 8,0 dias para germinar em N1K1& N3K2 .

Tabela-4 Dias até à germinação (difusão)

Mean table			
	K_1	K_2	Mean
N_1	8.00	8.25	**8.13**
N_2	9.75	8.75	**9.25**
N_3	9.00	8.00	**8.50**
Mean	**8.92**	**8.3**	

		N	K	N x K
	Sem	0.214	0.151	0.262
S	CD 5%	0.645	0.456	0.790
S	CV %	8.11		

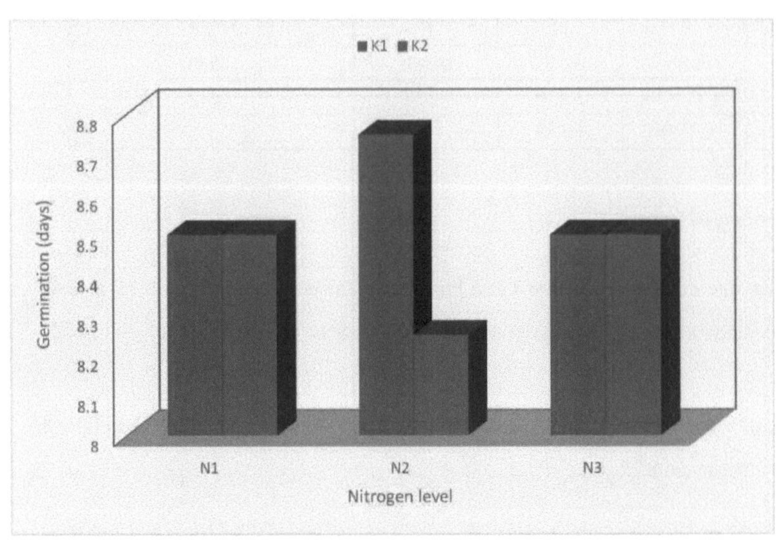

Fig. 4 Dias para a germinação (sementeira em linha)

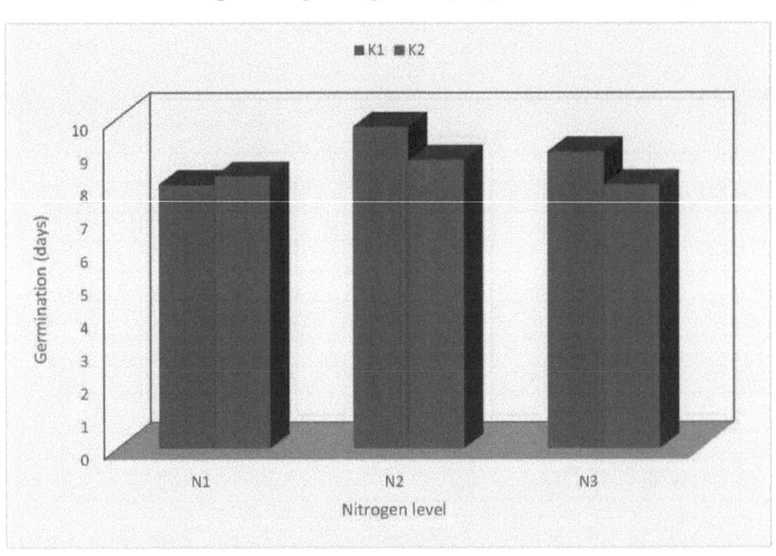

Fig. 5 Dias até à germinação (difusão)

4. 2 Percentagem de germinação (sementeira em linha)

A partir dos dados tabulados e apresentados na Tabela-5, a Fig. 6 revelou que a maior percentagem (90,31) de germinação de sementes foi registada em N2, seguida de 88,96% em N1 e

88,70% em N3.

No que diz respeito à aplicação de potássio, a germinação máxima (89,92%) foi registada em K2, seguida de K1 (88,73%).

No que diz respeito à interação entre o azoto e a potassa, a percentagem máxima de germinação de sementes (90,78%) foi encontrada em N2K1, seguida de N3K2 (90,55%), N2K2 (89,85%), N1K2 (89,39%) e 86,85% em N3 K1.

Quadro-5 Percentagem de germinação (sementeira em linha)

Mean table (%)			
	K_1	K_2	Mean
N_1	88.55	89.38	**88.96**
N_2	90.78	89.85	**90.31**
N_3	86.85	90.55	**88.70**
Mean	**88.73**	**89.92**	

		N	K	N x K
	Sem	1.664	1.176	2.038
NS	CD 5%	5.014	3.546	6.141
NS	CV %	6.08		

Percentagem de germinação (difusão)

A aplicação de diferentes doses de azoto registou uma percentagem de germinação variada na difusão de sementes de coentros. A maior percentagem de germinação (84,94%) foi registada com a aplicação de N1, seguida de 85,19% em N3 e 84,51% em N2 (Tabela - 6 e Fig. 7).

No que diz respeito à aplicação de potássio, 85,06% da germinação foi registada em K2, seguida de 84,70% em K1.

No efeito de interação com azoto e potássio, a maior percentagem de germinação (85,83%) foi registada com N3 K2, 85,50 em N1K1, 84,98 em N2K2 e 84,05 em N2K1.

Tabela-6 Percentagem de germinação (difusão)

Mean table (%)			
	K₁	**K₂**	**Mean**
N₁	85.50	84.38	**84.94**
N₂	84.05	84.98	**84.51**
N₃	84.55	85.83	**85.19**
Mean	**84.70**	**85.06**	

		N	K	N x K
	Sem	2.664	1.884	3.263
NS	CD 5%	8.030	5.678	9.835
NS	CV %	10.25		

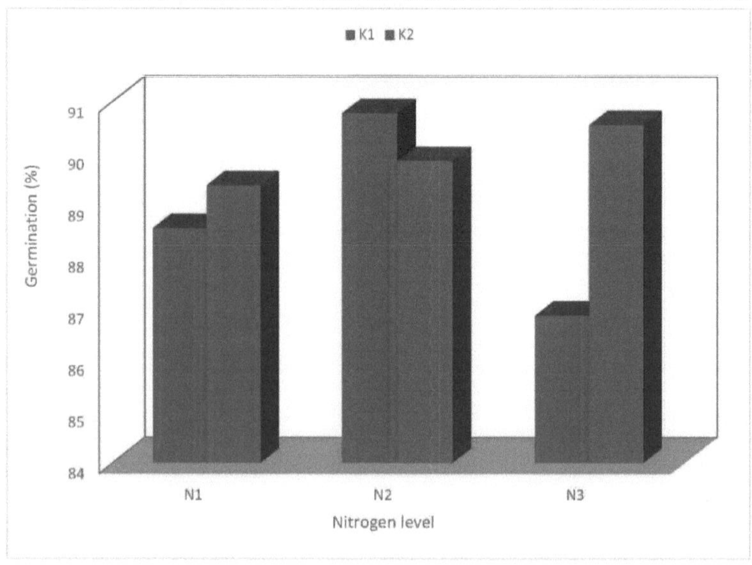

Fig. 6 Percentagem de germinação (sementeira em linha)

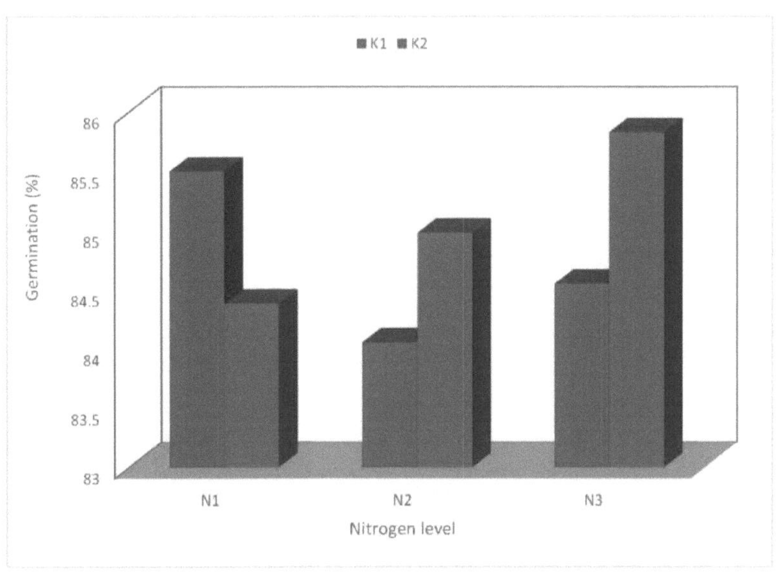

Fig. 7 Percentagem de germinação (emissão)

4. 3. Altura da planta após 30 dias (sementeira em linha)

A altura da planta foi registada após trinta dias e, a partir do valor médio da tabulação, verificou-se que a altura da planta era máxima (16,44 cm) com N3, seguida de 15,50 cm em N2 e 14,93 cm em N1 (Tabela - 7 e Fig. 8).

Assim, a aplicação distante de potassa K2 registou uma altura de planta de 16,87 cm seguida de K1 que registou 14,38 cm de altura de planta. A partir do efeito de interação, verificou-se que N3 K2 registou uma altura de planta de 17,48 cm, seguido de 16,75 cm em N2K2, 16,38 cm em N1K2 & 15,40 cm em N3K1 & 14,25 cm em N2K1. O N1K1 registou a altura de planta mais baixa, 14,38 cm.

Quadro-7 Altura da planta após 30 dias (sementeira em linha)

Mean table (cm)			
	K_1	K_2	Mean
N_1	13.48	16.38	**14.93**
N_2	14.25	16.75	**15.50**
N_3	15.40	17.48	**16.44**
Mean	**14.38**	**16.87**	

		N	K	N x K
	Sem	0.436	0.308	0.534
NS	CD 5%	1.314	0.929	1.609
S	CV %	9.11		

Altura da planta após 30 dias (emissão)

Os dados tabulados revelaram que a altura da planta era de 17,23 cm em N3, seguida de 16,30 cm em N2 e 15,79 cm em N₁. (Quadro - 8 e Fig. 9)

No que diz respeito à aplicação de Potássio, foi registada uma altura de planta de 17,3 cm em K2, seguida de 15,74 cm em K1.

No efeito de interação, verificou-se a partir dos dados tabulados que 18,38 cm foram registados com N3K2, seguido de 16,63 cm em N1K2, 16,40 cm em N2K2, 16,20 cm em N2K1, 16,08 cm em N3K1 e o mínimo de 14,95 cm em N1K1.

Quadro-8 Altura da planta após 30 dias (emissão)

Mean table (cm)			
	K_1	K_2	Mean
N_1	14.95	16.63	**15.79**
N_2	16.20	16.40	**16.30**
N_3	16.08	18.38	**17.23**
Mean	**15.74**	**17.13**	

		N	K	N x K
	Sem	0.465	0.329	0.570
NS	CD 5%	1.402	0.992	1.717
NS	CV %	9.24		

4. 4 Altura da planta aos 35 dias (sementeira em linha)

Verificou-se que a altura da planta era menor na sementeira em linha do que na sementeira a lanço. A altura da planta foi máxima (21,44 cm) em N3, seguida de 19,41 cm em N1 e 19,39 cm em N2 (Tabela -9 e Fig. 8).

Devido à variação da dose de potássio, a altura da planta foi de 21,03 cm com K2 e 19,13 cm com K1.

No efeito de interação, foi registada uma altura de planta de 22,20 cm com N3K2, seguida de 20,68 cm em N3K1, 20,50 cm em N1K2, 20,40 cm em N2K2 e a altura mais baixa de 18,33 cm em N1K1.

Quadro-9 Altura da planta após 35 dias (sementeira em linha)

<table>
<tr><td colspan="4" align="center">Mean table (cm)</td></tr>
<tr><td></td><td align="center">K_1</td><td align="center">K_2</td><td align="center">Mean</td></tr>
<tr><td align="center">N_1</td><td align="center">18.33</td><td align="center">20.50</td><td align="center">19.41</td></tr>
<tr><td align="center">N_2</td><td align="center">18.38</td><td align="center">20.40</td><td align="center">19.39</td></tr>
<tr><td align="center">N_3</td><td align="center">20.68</td><td align="center">22.20</td><td align="center">21.44</td></tr>
<tr><td align="center">Mean</td><td align="center">19.13</td><td align="center">21.03</td><td></td></tr>
</table>

		N	K	N x K
	Sem	0.544	0.385	0.667
NS	CD 5%	1.641	1.160	2.009
S	CV %	8.85		

Altura da planta aos 35 dias (emissão)

Devido à difusão de sementes de coentros, foi registada uma altura de planta de 21,91 cm em N3, seguida de 21,79 cm em N2 e 20,41 cm em N1 após 35 dias de sementeira (Quadro - 10 e Fig. 9).

Devido à aplicação de potássio, registou-se uma altura de planta de 22,56 cm em K2, seguida de 20,18 cm em K1.

Devido ao efeito de interação, foi registada uma altura de planta de 23,33 cm com N3K2, que foi a mais elevada. Foi registada uma altura de planta de 22,73 cm com N2K2, 21,63 cm com N1K2, 20,85 cm com N2K1 e 20,50 cm com N3K1. A menor altura de planta, 19,20 cm, foi obtida com N1K1.

Quadro-10 Altura da planta após 35 dias (emissão)

<table>
<tr><td colspan="4" align="center">Mean table (cm)</td></tr>
<tr><td></td><td>K_1</td><td>K_2</td><td>Mean</td></tr>
<tr><td>N_1</td><td>19.20</td><td>21.63</td><td>20.41</td></tr>
<tr><td>N_2</td><td>20.85</td><td>22.73</td><td>21.79</td></tr>
<tr><td>N_3</td><td>20.50</td><td>23.33</td><td>21.91</td></tr>
<tr><td>Mean</td><td>20.18</td><td>22.56</td><td></td></tr>
</table>

		N	K	N x K
	Sem	**0.644**	**0.456**	0.789
NS	**CD 5%**	**1.942**	**1.373**	2.378
NS	**CV %**	**9.85**		

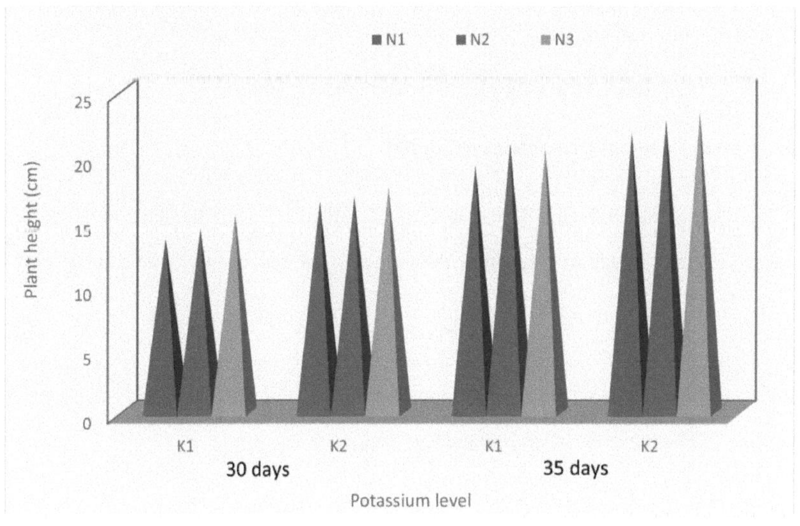

Fig. 8 Altura da planta (emissão)

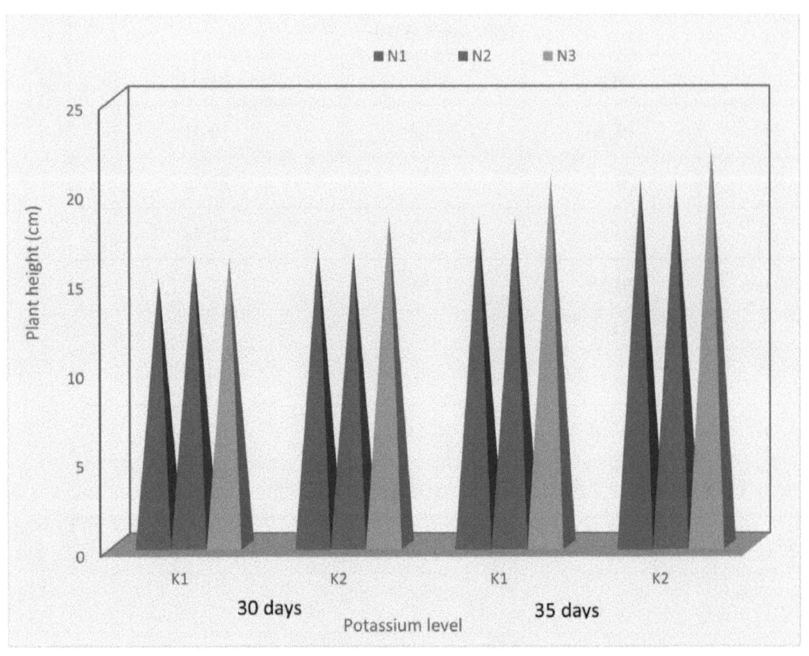

Fig. 9 Altura da planta (sementeira em linha)

4. 5. Número médio de folhas (sementeira em linha)

Foi registado o número médio de folhas antes da colheita. O valor tabulado revelou que o número máximo de folhas por planta (35,18) foi observado em N3, seguido por 34,70 em N2 e 33,31 em N₁ (Tabela - 11 Fig. 10).

Devido à aplicação de potássio, foram registados 36,01 números de folhas por planta em K2, seguidos de 32,78 números de folhas por planta em K1.

No efeito de interação, verificou-se que o maior número de folhas, ou seja, 37,45 foi registado com N3K2, 37,23 com N1K2, 36,05 com N2K1, 33,35 com N2K2, 32,90 com N3K1 e 29,40 apenas com N1K1.

Quadro-11 Números médios de folhas (sementeira em linha)

Mean table			
	K_1	K_2	Mean
N_1	29.40	37.23	**33.31**
N_2	36.05	33.35	**34.70**
N_3	32.90	37.45	**35.18**
Mean	**32.78**	**36.01**	

	N	K	N x K
Sem	1.548	1.094	1.896
CD 5%	4.665	3.298	5.713
CV %	14.70		

Número médio de folhas (emissão)

O número médio de folhas por planta devido à difusão antes da colheita é apresentado na Tabela-10. Foi observado a partir do valor tabulado que o maior número de folhas de 34,49 foi obtido com N3 seguido por 34,54 em N2 e 33,01 em N1 (Tabela - 12 e Fig. 11).

Devido à aplicação de doses variadas de potássio, foram observados 35,72 números de folhas em K2 e 32,31 números de folhas em K1.

Devido ao efeito de interação entre o azoto e a potassa, registou-se um número de 36,78 folhas por planta em N3K2, seguido de 36,75 em N1K2, 35,45 em N2K1, 33,63 em N2K2, 32,20 em N3K1 e 29,28 em N1K1, respetivamente.

Quadro-12 Número médio de folhas (emissão)

Mean table			
	K_1	K_2	Mean
N_1	29.28	36.75	**33.01**
N_2	35.45	33.63	**34.54**
N_3	32.20	36.78	**34.49**
Mean	**32.31**	**35.72**	

		N	K	N x K
	Sem	1.389	0.982	1.701
NS	CD 5%	4.185	2.959	5.126
NS	CV %	13.33		

4.6 Área foliar média (cm^2) (sementeira em linha)

A área média das folhas está presente na Tabela - 13 e na Fig. 10. Verificou-se que a área foliar foi de 4,51 cm^2 em N3, seguida por 4,50 cm^2 em N2 e 4,09 cm^2 em N1.

Na aplicação de potássio, a área foliar foi de 4,38 cm^2 em K2 e 4,35 cm^2 em K1.

No que diz respeito ao efeito de interação entre o azoto e a potassa, foi encontrada uma área foliar máxima de 4,75 cm^2 com N2K1, 4,53 cm^2 em N3K2, 4,50 cm^2 em N3K1, 4,38 cm^2 com N1K2, 4,25 cm^2 com N2K2 e 3,80 cm^2 mais baixo em N1K1.

Quadro-13 Área foliar média cm^2 (sementeira em linha)

Mean table (cm^2)			
	K$_1$	K$_2$	Mean
N$_1$	3.80	4.38	**4.09**
N$_2$	4.75	4.25	**4.50**
N$_3$	4.50	4.53	**4.51**
Mean	**4.35**	**4.38**	

		N	K	N x K
	Sem	0.140	0.099	0.171
NS	CD 5%	0.421	0.298	0.515
S	CV %	10.44		
NS				

Área foliar média (cm^2) (difusão)

A área foliar média das folhas é apresentada na Tabela - 14 e na Fig. 11. Verificou-se que a área foliar foi de 4,50 cm^2 em N3, seguida por 4,39 cm^2 em N2 e a menor 4,11 cm^2 em N1.

Devido à aplicação de potássio, a área foliar foi de 4,39 cm^2 em K2 e foi de 4,28 cm^2 com K1.

Devido ao efeito de interação entre N e K, a área foliar máxima de 4,60 cm^2 foi encontrada com N3K1, seguida de 4,50 cm^2 em N2K2, 4,40 cm^2 em N3K2, 4,28 cm^2 em N1K2 e N2K1 e o valor mais baixo de 3,95 cm^2 foi registado em N1K1.

Tabela-14 Área foliar média cm^2 (difusão)

Mean table (cm^2)			
	K$_1$	K$_2$	Mean
N$_1$	3.95	4.28	**4.11**
N$_2$	4.28	4.50	**4.39**
N$_3$	4.60	4.40	**4.50**
Mean	**4.28**	**4.39**	

		N	K	N x K
	Sem	0.162	0.115	0.199
NS	CD 5%	0.489	0.346	0.599
NS	CV %	12.23		
NS				

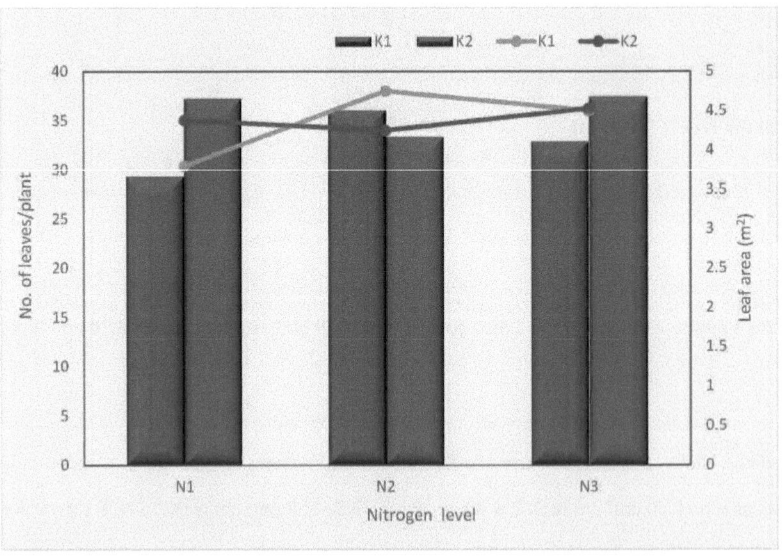

Fig. 10. Números médios de folhas e área foliar (m^2) (sementeira em linha)

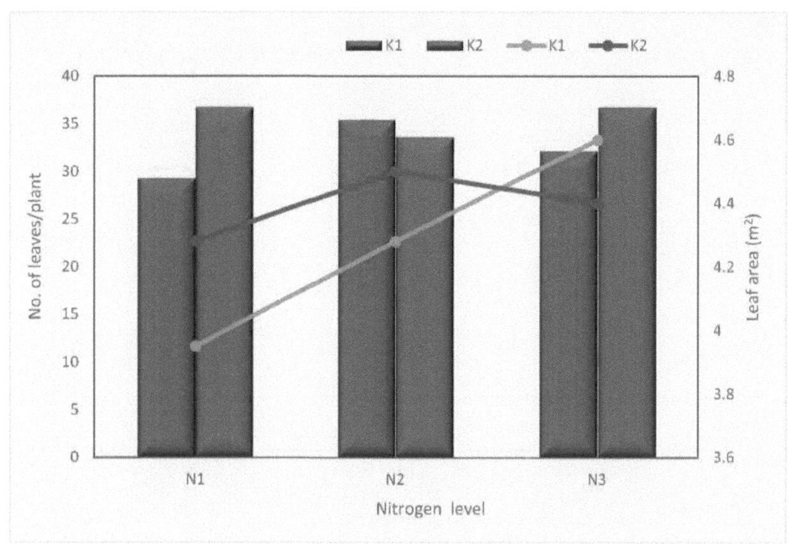

Fig. 11. Número médio de folhas e área foliar (m²) (difusão)

1.7. Ramos primários por planta (sementeira em linha)

A média de ramos primários por planta na semeadura em linha é apresentada na Tabela - 15. Observou-se que o número médio de ramos primários por planta foi de 6,13 em N2, seguido de 6,05 em N1 e 6,00 em N3.

Devido à aplicação de Potássio, os ramos primários de 6,2 foram registados em K2, seguidos de 5,92 devido a K1.

O efeito de interação entre o azoto e a potassa revelou que o número mais elevado de ramos primários de 6,50 foi registado em N3K2, seguido de 6,95 em N2K1 e 6,1 em N1K2 e 6,0 em ambos N1K1 e N2K2.

Quadro-15 Ramos primários por planta (difusão)

Mean table			
	K1	K2	Mean
N1	6.00	6.10	**6.05**
N2	6.25	6.00	**6.13**
N3	5.50	6.50	**6.00**
Mean	**5.92**	**6.20**	

		N	K	N x K
	Sem	0.331	0.234	0.405
NS	CD 5%	0.996	0.704	1.220
NS	CV %	17.99		

Ramos primários por planta (difusão)

Devido à ampla difusão das sementes de coentros e ao efeito do azoto e da potassa, foram registados resultados variados, que são apresentados no Quadro - 16. O número mais elevado de ramos primários por planta (6,24) foi registado em N3, seguido de 6,0 em N2 e 5,88 em N1.

Devido à aplicação de potássio, o número médio de ramos foi de 6,80 em K2, seguido de 5,99 em K1.

Quanto ao efeito de interação de N e K, verificou-se que o maior número de ramos primários foi registado em N3K2 (6,5), seguido de 6,01 em N1K1, 6,00 em N2K1 e N2K2, 5,98 em N3K1 e 5,75 em N1K2.

Quadro 16 Ramos primários por planta (Difusão)

Mean table			
	K1	**K2**	**Mean**
N1	6.01	5.75	**5.88**
N2	6.00	6.00	**6.00**
N3	5.98	6.50	**6.24**
Mean	**5.92**	**6.08**	

		N	K	NxK
	Sem	0.224	0.158	0.274
NS	CD 5%	0.674	0.477	0.825
NS	CV %	12.17		

4. 8 Altura de aparecimento da primeira folha (sementeira em linha)

A altura na qual a primeira folha aparece é apresentada na Tabela - 17. Devido à variação da dose de nitrogênio, a altura em que a primeira folha apareceu variou de forma diferente, sendo 16,13 cm registrada com N3, seguida por 15,30 cm em N2 e 14,84 cm em N1.

Devido à aplicação de potássio, a primeira folha apareceu a uma altura de 15,80 cm em K2 e a uma altura de 15,04 cm em K1.

Mas, no efeito de interação, verificou-se que a primeira folha apareceu a uma altura de 16,60 cm, seguida de 15,65 cm em N3K1, 15,48 cm em N1K4, 15,33 cm em N2K4, 15,28 cm em N2K1 e 14,20 cm em N1K1.

Quadro-17 Altura a que aparece a primeira folha (sementeira em linha)

Mean table (cm)			
	K_1	K_2	Mean
N_1	14.20	15.48	**14.84**
N_2	15.28	15.33	**15.30**
N_3	15.65	16.60	**16.13**
Mean	**15.04**	**15.80**	

		N	K	N x K
	Sem	0.398	0.281	0.487
NS	CD 5%	1.199	0.848	1.469
NS	CV %	8.43		

Altura de aparecimento da primeira folha (emissão)

A altura a que apareceu a primeira folha nos coentros é apresentada no Quadro - 18. Verificou-se que N3 registou uma altura de 15,76 cm, seguida de 15,00 cm em N2 e 14,64 cm em N1.

Devido ao efeito da potassa, a primeira folha apareceu a uma altura de 15,35 cm em K2 e a uma altura de 14,92 cm em K1.

Devido ao efeito de interação entre o azoto e a potassa, o valor mais elevado de 16,10 cm foi registado em N3K2, seguido de 15,43 cm em N3K1, 15,30 cm em N2K2, 14,70 cm em N2K2, 14,65 cm em N1K2 e 14,63 cm em N1K1.

Quadro-18 Altura de aparecimento da primeira folha (emissão)

<table>
<tr><td colspan="4" align="center">Mean table (cm)</td></tr>
<tr><td></td><td>K₁</td><td>K₂</td><td>Mean</td></tr>
<tr><td>N₁</td><td>14.63</td><td>14.65</td><td>14.64</td></tr>
<tr><td>N₂</td><td>14.70</td><td>15.30</td><td>15.00</td></tr>
<tr><td>N₃</td><td>15.43</td><td>16.10</td><td>15.76</td></tr>
<tr><td>Mean</td><td>14.92</td><td>15.35</td><td></td></tr>
</table>

		N	K	N x K
	Sem	0.421	0.298	0.515
NS	CD 5%	1.268	0.897	1.554
NS	CV %	9.08		

4. 9 Comprimento médio da raiz (sementeira em linha)

O comprimento médio da raiz é apresentado na Tabela - 19. Observou-se que, devido à aplicação de doses variadas de nitrogênio, o comprimento da raiz de 9,38 cm foi registrado em N3, seguido por 9,26 cm em N2 e 8,93 cm em N1.

Devido à aplicação de potássio, foi registado um comprimento médio de raiz de 9,43 cm em K2, seguido de 8,94 cm em K1.

Devido ao efeito de interação, observou-se que o comprimento médio da raiz de 9,88 cm foi registado com N2K2, seguido de 9,50 cm em N3K1, 9,25 cm em N3K2, 9,18 cm em N1K2, 8,68 cm em N1K1 e 8,65 cm em N2K1.

Quadro-19 Comprimento médio das raízes (sementeira em linha)

Mean table (cm)			
	K_1	K_2	Mean
N_1	8.68	9.18	**8.93**
N_2	8.65	9.88	**9.26**
N_3	9.50	9.25	**9.38**
Mean	**8.94**	**9.43**	

		N	K	N x K
	Sem	0.273	0.193	0.334
NS	CD 5%	0.822	0.581	1.007
NS	CV %	9.70		

Comprimento médio da raiz (difusão)

O comprimento médio da raiz devido ao vazamento largo é apresentado na Tabela - 20. Foi observado que o comprimento médio da raiz de 8,74 cm foi encontrado em N2, seguido por 8,70 cm em N3 e 8,35 cm em N1.

Devido à aplicação de potássio, o maior comprimento de raiz de 8,73 cm foi registado em K2, seguido de 8,46 cm em K1.

Devido ao efeito de interação do azoto e da potassa, observou-se que o maior comprimento de raiz de 9,00 cm foi registado com N2K2, seguido de 8,8 cm em N3K2, 8,60 cm em N3K1, 8,48 cm em N2K1, 8,40 cm em N1K2 e 8,30 cm em N1K1.

Tabela-20 Comprimento médio da raiz (emissão)

Mean table (cm)			
	K_1	K_2	Mean
N_1	8.30	8.40	**8.35**
N_2	8.48	9.00	**8.74**
N_3	8.60	8.80	**8.70**
Mean	**8.46**	**8.73**	

		N	K	N x K
	Sem	0.239	0.169	0.293
NS	CD 5%	0.721	0.510	0.883
NS	CV %	9.09		

4. 10 Peso médio da planta (sementeira em linha)

O peso médio da planta foi registado na sementeira em linha e é apresentado no Quadro - 21. Observou-se que o maior peso de planta de 7,54g foi registado em N3 seguido de 7,10g em N1 e 7,04g em N2.

Devido à aplicação de potássio, o peso médio da planta de 7,32g foi registado em K2 seguido de 7,10g em K1.

Devido ao efeito de interação entre o azoto e a potassa, observou-se que o maior peso de planta de 7,88g foi registado com N3K2, seguido de 7,20g em N3K1, 8,60g em N3K1, 7,18g em N1K2, 7,08g em N2K1, 7,03g em N1K1 e 7,00g em N2K2.

Quadro-21 Peso médio da planta (sementeira em linha)

Mean table (g)			
	K_1	K_2	Mean
N_1	7.03	7.18	**7.10**
N_2	7.08	7.00	**7.04**
N_3	7.20	7.88	**7.54**
Mean	**7.10**	**7.35**	

		N	K	N x K
	Sem	0.190	0.134	0.232
NS	CD 5%	0.572	0.404	0.701
NS	CV %	8.58		

Peso médio da planta (emissão)

O peso médio da planta foi registado em todas as castas e é apresentado na Tabela - 22. Observou-se que o maior peso de planta de 7,55g foi registado em N2 seguido de 7,15g em N2 e 6,71g em N3.

Devido à aplicação de potássio, o peso médio da planta de 7,36g foi registado em K2 seguido de 6,92g em K1.

Devido ao efeito de interação entre o azoto e a potassa, observou-se que o peso mais elevado das plantas, 7,80 g, foi registado com N3K2, seguido de 7,30 g em N2K2 e N3K1, 7,00 g em N2K1, 6,98 g em N1K2 e 6,45 g em N1K1.

Quadro-22 Peso médio da planta (emissão)

Mean table (g)			
	K_1	K_2	Mean
N_1	6.45	6.98	**6.71**
N_2	7.00	7.30	**7.15**
N_3	7.30	7.80	**7.55**
Mean	**6.92**	**7.36**	

		N	K	N x K
	Sem	0.215	0.152	0.263
NS	CD 5%	0.648	0.458	0.794
S	CV %	9.84		

4. 11 Peso médio da raiz por planta (sementeira em linha)

O peso médio da raiz na experiência devido à sementeira em linha é apresentado no Quadro - 23. Foi observado que o maior peso de raiz de 0.68g foi registado em N3 seguido de 0.54g em N2 e 0.53g em N1.

Devido à aplicação de potássio, o peso da raiz de 0,63g foi registado em K2 seguido de 0,53g em K1.

Devido ao efeito de interação entre o azoto e a potassa, verificou-se que o peso da raiz de 0,73g foi registado em N3K2, seguido de 0,63g em N3K1 e N1K2, 0,55g em N2K2, 0,53g em N2K1 e 0,43g em N1K1.

Quadro-23 Peso médio da raiz por planta (sementeira em linha)

Mean table (g)			
	K_1	K_2	Mean
N_1	0.43	0.63	**0.53**
N_2	0.53	0.55	**0.54**
N_3	0.63	0.73	**0.68**
Mean	**0.53**	**0.63**	

		N	K	N x K
	Sem	0.032	0.022	**0.039**
NS	CD 5%	0.095	0.067	**0.116**
S	CV %	17.79		
S				

Peso médio da raiz por planta (difusão)

O peso médio da raiz no experimento devido à fundição ampla é apresentado na Tabela - 24. Foi observado que o maior peso de raiz de 0.66g foi registado em N3 seguido de 0.61g em N2 e 0.54g em N1.

Devido à aplicação de potássio, o peso da raiz de 0,61g foi registado em K2 seguido de 0,60g em K1.

Devido ao efeito de interação entre o azoto e a potassa, verificou-se que o peso da raiz de 0,68g foi registado em N3K2, seguido de 0,65g em N3K1 e 0,63g em N2K1, 0,60g em N2K2, 0,55g em N1K2 e 0,53g em N1K1.

Quadro-24 Peso médio da raiz por planta (difusão)

Mean table (g)			
	K1	K2	Mean
N1	0.53	0.55	**0.54**
N2	0.63	0.60	**0.61**
N3	0.65	0.68	**0.66**
Mean	**0.60**	**0.68**	

		N	K	N x K
	Sem	**0.033**	**0.023**	0.040
S	**CD 5%**	**0.099**	**0.070**	0.122
S	**CV %**	**17.83**		-
NS				

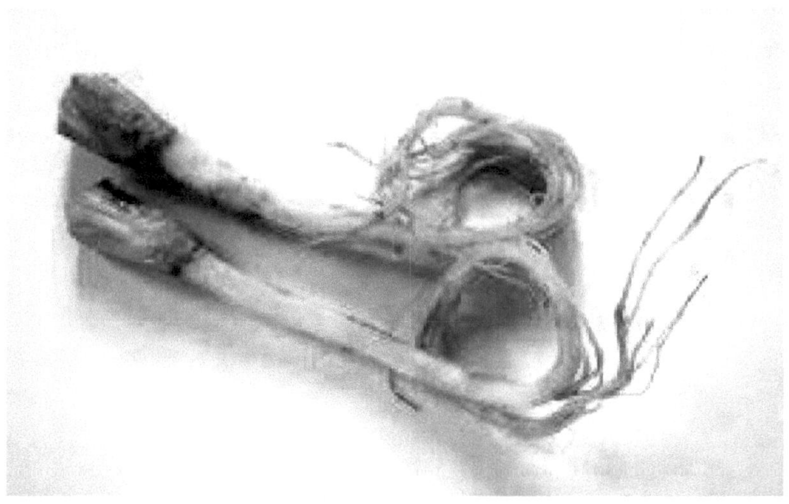

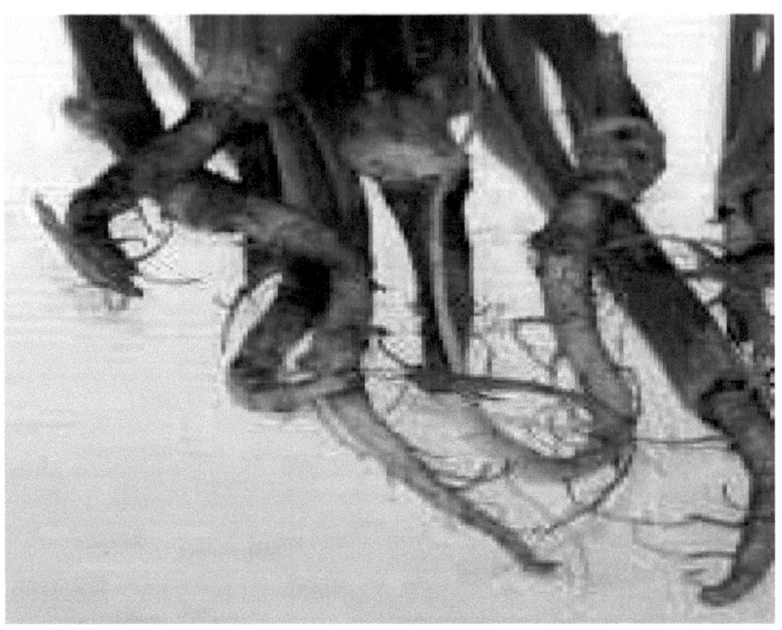

Fig. 12 Raízes de coentros

4. 12. Rendimento por parcela kg (sementeira em linha)

O rendimento por parcela da planta de coentro na sementeira em linha é apresentado no Quadro - 25 e na Fig. 13. Observou-se que N3 registou o maior rendimento de 3,52 kg/parcela, seguido de 3,20 kg em N2 e 3,03 kg em N1.

Devido à aplicação de doses variadas de potássio, foi registado um rendimento de 3,31 kg em K2 seguido de 3,20 kg em K1.

Devido ao efeito de interação entre o azoto e a potassa, o rendimento mais elevado de 3,57 kg/parcela foi registado com N3K2, seguido de 3,48 kg em N3K1, 3,28 kg em N2K2, 3,12 kg em N2K1, 3,08 kg em N1K2 e 2,98 kg em N1K1.

Quadro-25 Rendimento/parcela (sementeira em linha)

<table>
<tr><td colspan="4" align="center">Mean table (kg)</td></tr>
<tr><td></td><td>K_1</td><td>K_2</td><td>Mean</td></tr>
<tr><td>N_1</td><td>2.98</td><td>3.08</td><td>3.03</td></tr>
<tr><td>N_2</td><td>3.12</td><td>3.28</td><td>3.20</td></tr>
<tr><td>N_3</td><td>3.48</td><td>3.57</td><td>3.52</td></tr>
<tr><td>Mean</td><td>3.20</td><td>3.31</td><td></td></tr>
</table>

		N	K	N x K
	Sem	0.129	0.091	0.158
NS	CD 5%	0.388	0.274	
S	CV %	12.94		

Rendimento por parcela kg (difusão)

O rendimento por parcela da planta de coentros devido à fundição alargada é apresentado no Quadro - 26 e na Fig. 14. Observou-se que N3 registou o maior rendimento de 3,47 kg/parcela, seguido de 3,03 kg em N2 e 2,71 kg em N1.

Devido à aplicação de doses variadas de potássio, foi registado um rendimento de 3,17 kg/parcela em K2 seguido de 2,96 kg em K1.

Devido ao efeito de interação entre o azoto e a potassa, o rendimento mais elevado de 3,49 kg/parcela foi registado com N3K2, seguido de 3,45 kg em N3K1, 3,17 kg em N2K2, 2,98 kg em N2K1, 2,87 kg em N1K2 e 2,54 kg em N1K1.

Quadro-26 Rendimento/parcela (difusão)

Mean table (kg)			
	K_1	K_2	Mean
N_1	2.54	2.87	**2.71**
N_2	2.89	3.17	**3.03**
N_3	3.45	3.49	**3.47**
Mean	**2.96**	**3.17**	

		N	K	N x K
	Sem	0.150	0.106	0.184
NS	CD 5%	0.453	0.321	0.555
S	CV %	16.01		

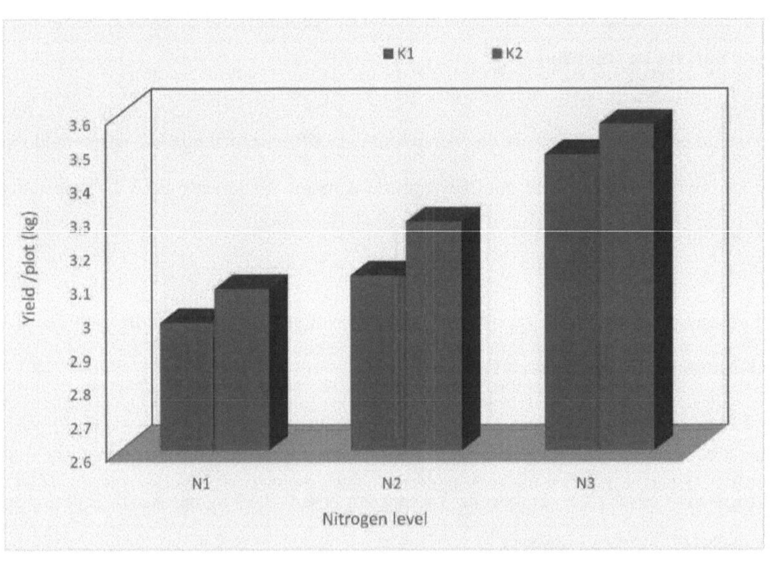

Fig.13 Rendimento/parcela (sementeira em linha)

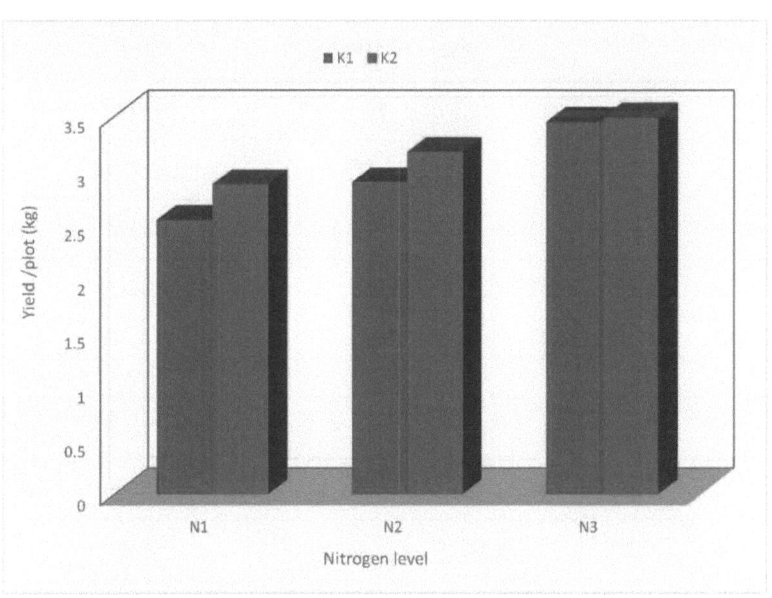

Fig.14 Rendimento/parcela (difusão)

4. 13. Rendimento dos coentros por hectare (t/ha) (sementeira em linha)

O rendimento dos coentros por hectare devido à sementeira em linha é apresentado no Quadro - 27 e na Fig. 15. Observou-se que o rendimento de 15,44 (t/ha) foi registado em N3, seguido de 14,39 (t/ha) em N2 e 13,73 (t/ha) em N1.

Devido ao efeito da aplicação de potássio, foi registado um rendimento de 14,83 (t/ha) em K2 seguido de 14,22 (t/ha) em K1.

Devido ao efeito de interação do azoto e da potassa, verificou-se que o maior rendimento de 15,90 (t/ha) foi registado com N3K2 seguido de 14,97 (t/ha) em N3K1, 14,74 (t/ha) em N2K2, 14,05 (t/ha) em N2K1, 13,85 (t/ha) em N1K2 e 13,62 (t/ha) em N1K1.

Quadro-27 Rendimento dos coentros por hectare (t/ha) (sementeira em linha)

Mean table (t/ha)			
	K_1	K_2	Mean
N_1	13.62	13.85	**13.73**
N_2	14.05	14.74	**14.39**
N_3	14.97	15.90	**15.44**
Mean	**14.22**	**14.83**	

		N	K	N x K
	Sem	0.544	0.384	0.666
NS	CD 5%	1.639	1.159	2.007
NS	CV %	12.23		

Rendimento de coentros por hectare (t/ha) (difusão)

O rendimento dos coentros por hectare devido à dispersão alargada de sementes é apresentado no Quadro - 28 e na Fig. 16. Verificou-se que o rendimento de 15,62 (t/ha) foi registado em N3, seguido de 13,64 (t/ha) em N2 e 12,17 (t/ha) em N1.

Devido à aplicação de doses variadas de potássio, foi registado um rendimento de 14,13 (t/ha) em K2 seguido de 13,32 (t/ha) em K1.

Devido ao efeito de interação do azoto e da potassa, verificou-se que o rendimento mais elevado de 15,72 (t/ha) foi registado com N3K2 seguido de 15,51 (t/ha) em N3K1, 14,25 em N2K2, 13,02 (t/ha) em N2K1, 12,93 (t/ha) em N1K2 e 11,42 (t/ha) em N1K1.

Quadro-28 Rendimento dos coentros por hectare (t/ha) (difusão)

Mean table (t/ha)			
	K_1	K_2	Mean
N_1	11.42	12.93	**12.17**
N_2	13.02	14.25	**13.64**
N_3	15.51	15.72	**15.62**
Mean	**13.32**	**14.13**	

		N	K	N x K
	Sem	0.677	0.479	0.829
NS	CD 5%	2.040	1.443	2.499
S	CV %	16.01		

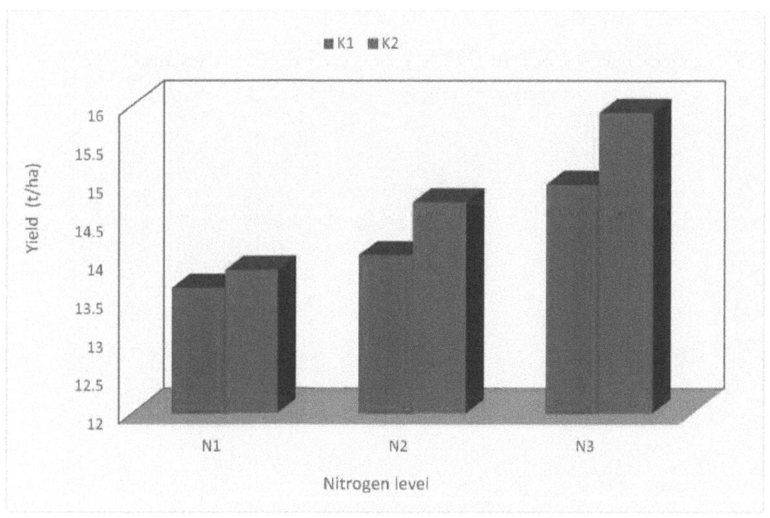

Fig. 15 Rendimento de coentros por hectare (t/ha) (sementeira em linha)

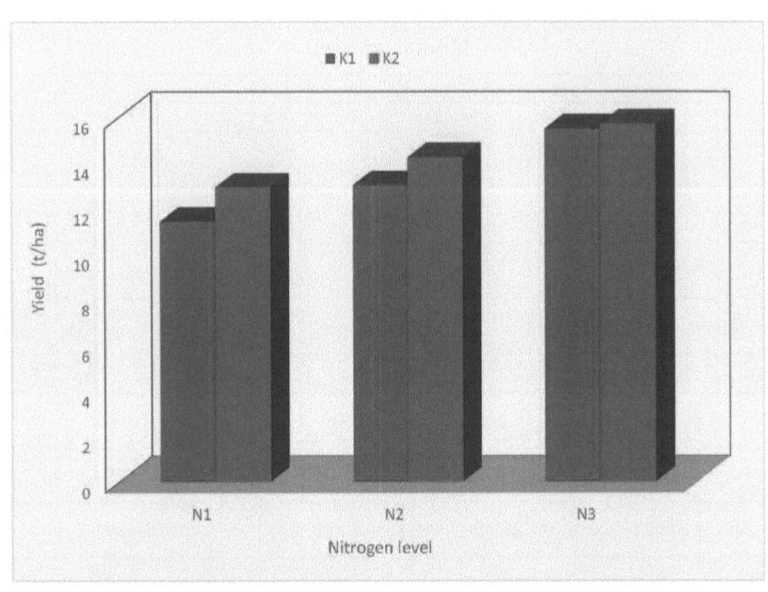

Fig. 16 Rendimento de coentros por hectare (t/ha) (difusão)

Fig. 17. Colheita de folhas de coentros para comercialização

4. 14 Rendimento de folhas de coentro devido a 1% de pulverização foliar (kg/parcela) (sementeira em linha)

O rendimento das folhas de coentros devido à pulverização foliar de 1% de ureia é apresentado no Quadro - 29 e na Fig. 18. O rendimento da parcela de 3,66 kg de folhas foi registado com N3, seguido de 3,37 kg com N2 e 3,16 kg com N1.

Na aplicação de potássio, foi registado um rendimento de 3,47 kg em K2, seguido de 3,33 kg em K1.

Devido ao efeito de interação, foi registado um rendimento mais elevado de 3,74 kg/parcela no N3K2, seguido de 3,58 kg no N3K1, 3,42 kg no N2K2, 3,32 kg no N2K1, 3,25 no N1K2 e 3,08 kg no N1K1.

Quadro-29 Rendimento de folhas de coentros devido a 1% de pulverização foliar (kg/parcela) (sementeira em linha)

Mean table (kg/plot)			
	K_1	K_2	Mean
N_1	3.08	3.25	**3.16**
N_2	3.32	3.42	**3.37**
N_3	3.58	3.74	**3.66**
Mean	**3.33**	**3.47**	

		N	K	N x K
	Sem	0.128	0.090	0.156
NS	CD 5%	0.384	0.272	0.471
S	CV %	12.26		

Rendimento das folhas de coentros devido à pulverização foliar a 1% (kg/parcela) (difusão)

O rendimento das folhas de coentros devido à pulverização foliar de 1% de ureia é apresentado no Quadro - 30 e na Fig. 19. O rendimento da parcela de 3,60 kg de folhas foi registado com N3, seguido de 3,18 kg com N2 e 2,82 kg com N1.

Devido à variação da dose de Potássio, foi registado um rendimento de 3,31 kg/parcela em K2 seguido de 3,03 kg em K1.

Devido ao efeito de interação, foi registado um rendimento mais elevado de 3,62 kg/parcela em N3K2, seguido de 3,57 kg em N3K1, 3,32 kg em N2K2, 3,05 kg em N2K1, 3,25 em N1K2 e 2,99 kg em N1K2 e 2,65 kg em N1K1.

Quadro-30 Rendimento das folhas de coentros devido à pulverização foliar a 1% (kg/parcela) (difusão)

Mean table (kg/plot)			
	K_1	K_2	Mean
N_1	2.65	2.99	**2.82**
N_2	3.05	3.32	**3.18**
N_3	3.57	3.62	**3.60**
Mean	**3.09**	**3.31**	

		N	K	N x K
	Sem	0.143	0.101	0.175
NS	CD 5%	0.431	0.305	0.528
S	CV %	14.62		

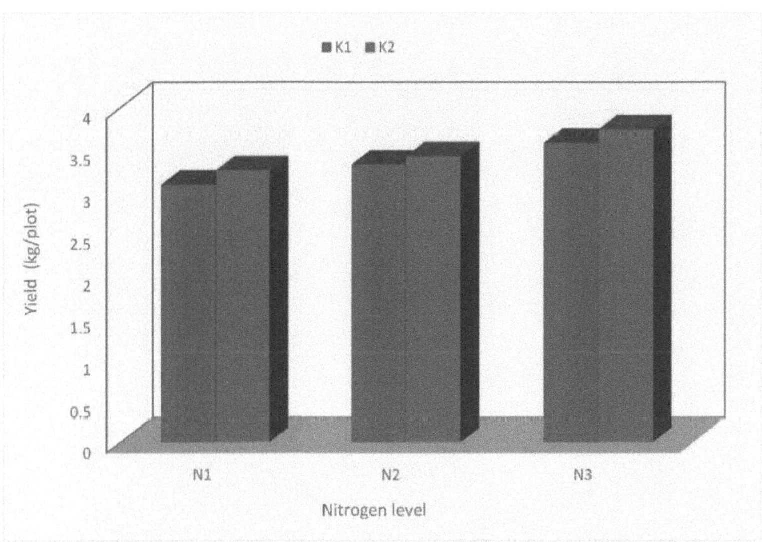

Fig. 18   Rendimento das folhas de coentro devido à pulverização foliar de 1% de ureia (kg/parcela) (sementeira em linha)

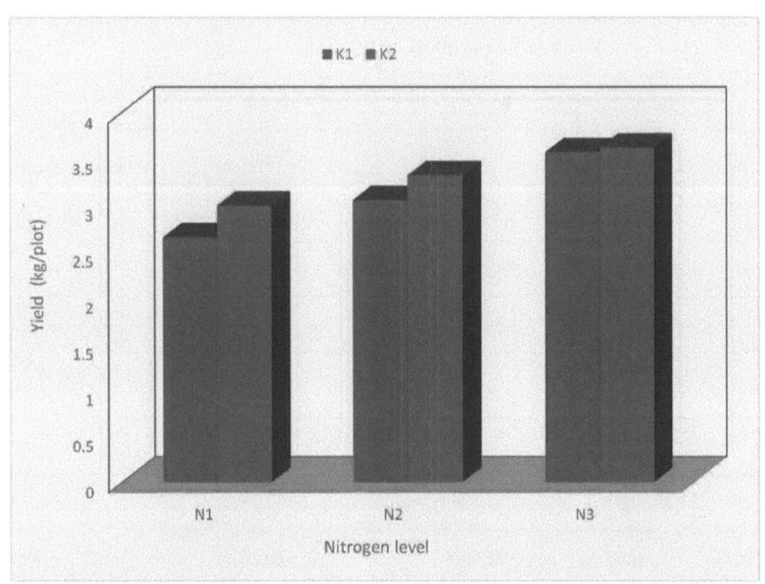

Fig. 19　Rendimento das folhas de coentros devido à pulverização foliar de 1% de ureia (kg/parcela) (difusão)

Fig. 20 Crescimento das folhas de coentros devido à pulverização foliar de 1 % de ureia

4. 15 Rendimento de folhas de coentro devido a 1% de pulverização foliar de ureia (sementeira em linha)

O rendimento dos coentros em toneladas por hectare devido à pulverização foliar de 1% de ureia na sementeira em linha é apresentado no Quadro - 31. Verificou-se que o rendimento de 16,47 (t/ha) foi registado em N1, seguido de 15,17 (t/ha) em N2 e 14,24 (t/ha) em N3.

Devido à aplicação de potássio, o maior rendimento de 15,60 (t/ha) foi registado em K2 seguido de 14,98 (t/ha) em K1.

No efeito de combinação, registou-se 16,82 (t/ha) com N3K2, seguido de 16,12 (t/ha) em N3K1, 15,40 (t/ha) em N2K2, 14,94 (t/ha) em N2K1, 14,60 (t/ha) em N1K2 e 13,88 (t/ha) em N1K1.

Quadro-31 Rendimento das folhas de coentros devido à pulverização com 1% de ureia (sementeira em linha)

Mean table (t/ha)			
	K_1	K_2	Mean
N_1	13.88	14.60	**14.24**
N_2	14.94	15.40	**15.17**
N_3	16.12	16.82	**16.47**
Mean	**14.98**	**15.60**	

		N	K	N x K
	Sem	0.574	0.406	0.703
NS	CD 5%	1.731	1.224	2.120
S	CV %	12.26		

Rendimento das folhas de coentros devido à pulverização foliar de ureia a 1% (difusão)

O rendimento dos coentros em fundição larga devido à pulverização foliar de 1% de ureia é apresentado no Quadro - 32. Verificou-se que o rendimento das folhas de coentros foi mais elevado em N3 16,18 (t/ha) seguido de 14,26 (t/ha) em N2 e 12,68 (t/ha) em N1.

Devido à aplicação de doses variadas de potássio, foi registado um rendimento de 14,84 (t/ha) em K2 seguido de 13,90 (t/ha) em K1.

Devido à interação do azoto e da potassa, registou-se um rendimento de 16,28 (t/ha) em N3K2, seguido de 16,08 (t/ha) em N3K1, 14,82 (t/ha) em N2K2, 13,70 em N2K1, 13,44 (t/ha) em N1K2 e 11,93 (t/ha) em N1K1.

Quadro-32 Rendimento das folhas de coentros devido à pulverização com 1% de ureia (difusão)

Mean table (t/ha)			
	K_1	K_2	Mean
N_1	11.93	13.44	**12.68**
N_2	13.70	14.82	**14.26**
N_3	16.08	16.28	**16.18**
Mean	**13.90**	**14.84**	

		N	K	N x K
	Sem	0.643	0.455	0.788
NS	CD 5%	1.939	1.371	2.375
S	CV %	14.62		

4. 16. Rendimento de folhas de coentro (kg/parcela) devido à pulverização de fertilizantes solúveis (19:19:19) (sementeira em linha)

O rendimento das folhas de coentro devido à aplicação foliar de fertilizante solúvel 19:19:19 é apresentado no Quadro - 33. Observa-se que N3 registou um rendimento de 3,99 kg/parcela, seguido de 3,60 kg em N2 e 3,39 kg em N1. No entanto, em K2 registou-se um rendimento de 3,69 kg/parcela, seguido de 3,60 kg em K1.

Devido ao efeito de interação, foi registado um rendimento mais elevado de 4,04 kg/parcela em N3K2 e o mais baixo de 3,33 kg/parcela em N1K1.

Quadro-33 Rendimento de folhas de coentros (kg/parcela) devido à pulverização de fertilizantes solúveis (19:19:19) (sementeira em linha)

Mean table (kg/plot)			
	K_1	K_2	Mean
N_1	3.33	3.45	**3.39**
N_2	3.59	3.60	**3.60**
N_3	3.93	4.04	**3.99**
Mean	**3.62**	**3.69**	

		N	**K**	**N x K**
	Sem	0.126	0.089	0.155
NS	CD 5%	0.038	0.269	0.466
S	CV %	11.27		

Rendimento de folhas de coentros (kg/parcela) devido à pulverização de adubos solúveis (19:19:19) (difusão)

O rendimento das folhas de coentro devido à aplicação foliar de fertilizante solúvel 19:19:19 é apresentado na Tabela - 34. Observa-se que N3 registou um rendimento de 3,99 kg/parcela, seguido de 3,55 kg em N2 e 3,09 kg em N1. No entanto, em K2 foi registado um rendimento de 3,71 kg/parcela, seguido de 3,35 kg em K1.

Devido ao efeito de interação, foi registado um rendimento mais elevado de 4,12 kg/parcela em N3K2 e o mais baixo de 2,89 kg/parcela em N1K1.

Quadro-34 Rendimento de folhas de coentros (kg/parcela) devido à pulverização de fertilizantes solúveis (19:19:19) (difusão)

Mean table (kg/plot)			
	K_1	K_2	Mean
N_1	2.89	3.29	**3.09**
N_2	3.37	3.72	**3.55**
N_3	3.80	4.12	**3.96**
Mean	**3.35**	**3.71**	

		N	**K**	**N x K**
	Sem	0.148	0.105	0.181
NS	CD 5%	0.446	0.316	0.547
S	CV %	13.7		

4. 17 Rendimento de folhas de coentro (toneladas/ha) devido à pulverização foliar de 19:19:19 (sementeira em linha)

O rendimento de folhas de coentro/ha devido à aplicação foliar de fertilizante solúvel 19:19:19 é apresentado na Tabela - 35. Observa-se que o rendimento mais elevado de 17,93 t/ha foi registado em N3, seguido de 16,18 t/ha em N2 e 15,25 t/ha em N1. O K2 registou um rendimento de 16,62 t/ha, seguido de 16,29 t/ha no K1.

No efeito de interação, foi registado um rendimento mais elevado de 18,17 t/ha em N3K2 e o mais baixo de 15,07 t/ha em N1K1.

Quadro-35 Rendimento de folhas de coentro (toneladas/ha) devido à pulverização foliar de 19:19:19 (sementeira em linha)

Mean table (tonnes/ha)			
	K_1	K_2	Mean
N_1	15.0	15.5	**15.25**
N_2	16.17	16.19	**16.18**
N_3	17.70	18.17	**17.93**
Mean	**16.29**	**16.62**	

		N	K	N x K
	Sem	0.568	0.401	0.695
NS	CD 5%	1.710	1.209	2.095
S	CV %			

Rendimento de folhas de coentros (toneladas/ha) devido à pulverização foliar de 19:19:19 (difusão)

O rendimento de folhas de coentro/ha devido à aplicação foliar de fertilizante solúvel 19:19:19 é apresentado na Tabela - 36. Observa-se que o maior rendimento de 17,81 t/ha foi registado em N3, seguido de 15,8 t/ha em N2 e 13,9 t/ha em N1. Um rendimento de 16,69 t/ha foi registado em

K2 seguido de 14,99 t/ha em K1.

No efeito de interação, foi registado um rendimento mais elevado de 18,53 t/ha em N3K2 e o mais baixo de 13,00 t/ha em N1K1.

Quadro-36 Rendimento das folhas de coentros (toneladas/ha) devido à pulverização foliar de 19:19:19 (difusão)

Mean table (tonnes/ha)			
	K_1	K_2	Mean
N_1	13.00	14.79	**13.9**
N_2	14.88	16.75	**15.8**
N_3	17.09	18.53	**17.81**
Mean	**14.99**	**16.69**	

		N	K	N x K
	Sem	0.72	0.509	0.882
NS	CD 5%	2.17	1.53	2.65
S	CV %	14.84		

4. 18. Rendimento de folhas de coentro (kg/parcela) devido à pulverização de fertilizantes solúveis (13:0:45) (sementeira em linha)

O rendimento das folhas de coentro devido à aplicação foliar de fertilizante solúvel 13:0:45 é apresentado na Tabela - 37. Verificou-se que N3 registou um rendimento de 4,40 kg/parcela, seguido de 3,91 kg em N2 e 3,68 kg em N1. Devido a um rendimento de 4,04 kg/parcela foi registado em K2 seguido de 3,92 kg/parcela em K1.

Devido ao efeito de interação, foi registado um rendimento mais elevado de 4,49 kg/parcela em N3K2 e o mais baixo de 3,58 kg/parcela em N1K1.

Tabela-37 Rendimento de folhas de coentro (kg/parcela) devido à pulverização de fertilizantes

solúveis (13:0:45) (sementeira em linha)

Mean table (kg/plot)			
	K_1	K_2	Mean
N_1	3.58	3.77	**3.68**
N_2	3.87	3.96	**3.99**
N_3	4.31	4.49	**4.40**
Mean	**3.92**	**4.04**	

		N	K	N x K
	Sem	0.120	0.085	0.147
NS	CD 5%	0.362	0.256	0.443
S	CV %	9.81		

Rendimento de folhas de coentros (kg/parcela) devido à pulverização de adubos solúveis (13:0:45) (difusão)

O rendimento das folhas de coentro devido à aplicação foliar de fertilizante solúvel 13:0:45 é apresentado na Tabela - 38. Observou-se que o maior rendimento de 4,21 kg/parcela foi registado em N3, seguido de 3,82 kg em N2 e 3,38 kg em N1. Um rendimento de 3,98 kg/parcela foi registado em K2 seguido de 3,65 kg/parcela em K1.

Devido ao efeito de interação, foi registado um rendimento mais elevado de 4,39 kg/parcela em N3K2 e o mais baixo de 3,19 kg/parcela em N1K1.

Quadro-38 Rendimento de folhas de coentros (kg/parcela) devido à pulverização de fertilizantes solúveis (13:0:45) (difusão)

Mean table (kg/plot)			
	K_1	K_2	Mean
N_1	3.19	3.56	**3.38**
N_2	3.75	3.90	**3.82**
N_3	4.02	4.39	**4.21**
Mean	**3.65**	**3.98**	

		N	K	N x K
	Sem	0.134	0.045	0.164
NS	CD 5%	0.404	0.286	0.495
S	CV %	11.52		

4. 19 Rendimento de folhas de coentro (toneladas/ha) devido à pulverização foliar de 13:0:45 (sementeira em linha)

O rendimento de folhas de coentro/ha devido à aplicação foliar de fertilizante solúvel 13:0:45 é apresentado na Tabela - 39. Verifica-se que o maior rendimento de 19,79 t/ha foi registado em N3, seguido de 17,61 t/ha em N2 e 16,54 t/ha em N1. Em K2 foi registado um rendimento de 18,32 t/ha seguido de 17,64 t/ha em K1.

No efeito de interação, foi registado um rendimento mais elevado de 20,19 t/ha em N3K2 e o mais baixo de 16,12 t/ha em N1K1.

Quadro-39 Rendimento de folhas de coentro (toneladas/ha) devido à pulverização foliar de 13:0:45 (sementeira em linha)

Mean table (tons/ha)			
	K_1	K_2	Mean
N_1	16.12	16.96	**16.54**
N_2	17.40	17.81	**17.61**
N_3	19.40	20.19	**19.79**
Mean	**17.64**	**18.32**	

		N	K	N x K
	Sem	**0.54**	**0.38**	**0.66**
NS	**CD 5%**	**9.82**		
S	**CV %**			

Rendimento de folhas de coentros (toneladas/ha) devido à pulverização foliar de 13:0:45 (difusão)

O rendimento das folhas de coentro devido à aplicação foliar de fertilizante solúvel 13:0:45 é apresentado na Tabela - 40. A partir do valor tabelado, verificou-se que o maior rendimento de 18,87 t/ha foi obtido em N3, seguido de 17,20 t/ha em N2 e 15,18 t/ha em N1. Devido ao efeito do potássio, foi registado um rendimento de 17,78 t/ha em K2, seguido de 16,39 t/ha em K1.

Devido ao efeito de interação, foi registado um rendimento mais elevado de 19,77 t/ha em N3K2 e o mais baixo de 14,33 t/ha em N1K1.

Quadro-40 Rendimento das folhas de coentros em toneladas/ha devido à pulverização foliar de 13:0:45 (difusão)

Mean table (tons/ha)			
	K_1	K_2	Mean
N_1	14.33	16.03	**15.18**
N_2	16.86	17.54	**17.20**
N_3	17.97	19.77	**18.87**
Mean	**16.39**	**17.78**	

		N	K	N x K
	Sem	0.60	0.42	0.734
NS	CD 5%	1.80	1.27	2.21
S	CV %	11.46		

Capítulo 5

DISCUSSÃO

A presente experiência destina-se a descobrir o efeito de várias doses de azoto e potássio e a sua combinação e a pulverização foliar de ureia e fertilizantes solúveis (19:19:19 e 13:0:45) no crescimento, rendimento e caracteres que atribuem rendimento aos coentros. O resultado e as conclusões experimentais da presente investigação sobre o rendimento foliar dos coentros e outros caracteres de atribuição da variedade "Super Midori" de sementes Tokita são discutidos abaixo.

1. Dias para germinação e percentagem de germinação

Os dias para a germinação e a percentagem de germinação das sementes de coentros devido à sementeira em linha e à difusão não variaram significativamente devido às diferentes doses de aplicação de azoto e potássio. O número máximo de dias para a germinação (8,75) foi encontrado com N2K1 na sementeira em linha e a percentagem mais elevada de germinação de sementes (90,75) foi encontrada na sementeira em linha com N3K2 e 85,06% em N3K2 na difusão de sementes. A aplicação de diferentes doses de azoto e potássio não influenciou muito os dias de germinação e a percentagem de germinação.

2. Altura da planta aos 30th dias e 35th dias:

Os resultados revelaram que a altura das plantas dos coentros foi influenciada pela aplicação de azoto e potássio e pelo seu efeito combinado, tanto na sementeira em linha como na sementeira em difusão. Em ambos os casos, doses mais elevadas de potássio aumentaram a altura da planta e, na combinação de azoto e potássio, registou-se uma altura de planta mais elevada de 17,48 cm em N3K2 e 18,38 cm em N3K2, respetivamente na sementeira em linha e na difusão. O aumento da altura da planta, juntamente com os ramos, é uma caraterística desejável para tornar a planta mais espessa e, assim, aumentar o rendimento. O aumento da altura das plantas devido a doses variadas e à sua combinação pode dever-se à produção de mais clorofila, fotossintatos, fitohormonas e citocinina, que são utilizados pela planta durante o crescimento e desenvolvimento, ajudando à formação e alongamento das células. O aumento da altura das plantas devido a uma nutrição variada também foi

85

registado por Raghavaiash *et al.* (1985), Bhati (1988) e Pawar *et al.* (2007).

3.   Número de folhas e área foliar.

As folhas são o principal local de fotossíntese e actuam como uma fonte importante para diferentes tipos de sumidouros. A produção do número de folhas numa planta é grandemente influenciada pelo ambiente, humidade do solo, nutrição e práticas de gestão. As folhas por planta mostraram variação devido a diferentes tratamentos sob sementeira em linha e difusão. O número de folhas foi maior na sementeira em linha do que na sementeira a lanço. O maior número de folhas, 37,45/planta, foi registado no N3K3 sob sementeira em linha. Devido ao efeito de interação e nutrição, não houve muita variação na área foliar como observado durante a experiência. O aumento da área foliar é uma indicação positiva da resposta dos factores de crescimento em muitas das investigações nutricionais e também indica diretamente o aumento da atividade fotossintética de uma planta que produz mais fotossintatos e mais atividade metabólica. A área foliar mais elevada, de 4,53 cm2, foi registada em N3K2 na sementeira em linha e 4,50 m^2 na sementeira em difusão. Os presentes resultados também corroboram os resultados de Datt *et al.* (2003) e Sharangi *et al.* (2011).

4.   Ramos primários por planta e altura em que aparece a primeira folha.

O efeito combinado do azoto e da potassa resultou na produção do número máximo de ramos em comparação com o azoto e a potassa isolados, tanto na sementeira em linha como na difusão. Devido ao aumento da eficiência dos nutrientes e ao efeito sinérgico do azoto e da potassa, há um aumento do número de ramos primários por planta, o que também foi relatado por Pawar *et al.* (2007), Patel *et al.* (2013) e Shanu *et al.* (2013).

Devido ao efeito de interação, o número de ramos primários foi de 6,50 sob N3K2 na sementeira em linha em que a primeira folha apareceu a uma altura de 16,60 cm em comparação com 15,80 cm em K2 e 15,30 em N2, o que indica que a aplicação combinada influenciou a produção de ramos primários e também resultou no aumento do comprimento em que a primeira folha aparece na planta, como também foi relatado por Patel *et al.* (2013).

5.   Comprimento da raiz e peso da raiz e peso da planta

Devido à combinação variada de nitrogénio e potássio, o comprimento da raiz de 9,50 cm foi registado em N3K1 e 9,26 cm em N2. A mudança no comprimento da raiz é muitas vezes um fator importante para decidir o rendimento de uma cultura. A aplicação da fonte combinada de nutrição que é Nitrogénio & Potássio influenciou o comprimento da raiz e também o peso da raiz que foi de 0.53g em N1 (linha de sementeira) e 0.73g em N3K2 na linha de sementeira. Tendências semelhantes de aumento do peso da planta foram observadas em ambas as linhas de sementeira e difusão devido ao aumento das doses de azoto e potássio, que influenciaram os diferentes caracteres de crescimento e, assim, o aumento do peso da planta. A constatação está de acordo com o relatório de Pawar *et al.* (2007), Moniruzzam *et al.* (2013) e Jameli e Martirosyan (2013).

6.   **Rendimento por parcela e rendimento por hectare.**

Houve uma variação significativa no rendimento por parcela e no rendimento por hectare devido a doses variadas de azoto e potássio e à sua combinação. Observou-se que o maior rendimento por parcela (3,48 kg) foi observado em N3K2 na semeadura em linha, em comparação com o menor rendimento de 2,71 kg/parcela em N1. Já o rendimento por hectare foi significativamente influenciado, com 15,90 (t/ha) em N3K2 na semeadura em linha e 15,72 (t/ha) na semeadura a lanço em N3K2. A aplicação de doses mais elevadas de azoto e potássio aumentou o rendimento foliar, tanto na sementeira em linha como na difusão, e o efeito de interação foi mais pronunciado, tipo de resultados que também foram relatados por Bhati (1988), Admer *et al.* (2003), Choudhury e Jat (2004) e Singh *et al.* (2008).

7.   **Rendimento por parcela e por hectare influenciado pela pulverização de 1% de ureia.**

A pulverização foliar de ureia a 1% de concentração em 18th dias de germinação influenciou grandemente o rendimento das folhas, tanto na sementeira em linha como na transmissão, devido à rápida resposta da ureia absorvida através das folhas. Um rendimento de 3,74 kg/parcela na sementeira em linha foi registado em N3K2, em comparação com 3,62 kg/parcela em N3K2 na difusão. O rendimento mais baixo de 3,16 kg/parcela na sementeira em linha foi registado devido ao N1 na sementeira em linha e 2,82 kg no N1 em difusão. Da mesma forma, foi observada uma tendência de aumento do rendimento em toneladas/hectare, tanto na sementeira em linha como na difusão, que foi superior ao efeito de interação do azoto e da potassa. A constatação está de acordo com a observação de Balaji e Keshwa (2011) e Sharangi *et al.* (2011) em coentros.

8. **Rendimento por parcela e hectare influenciado pela pulverização de fertilizante solúvel (19:19:19).**

A aplicação de fertilizantes solúveis para uma resposta rápida e para aumentar o rendimento dos produtos hortícolas é atualmente muito popular entre os agricultores. A aplicação de azoto, fósforo e potássio em forma solúvel como pulverização foliar tem um efeito tremendo no aumento do rendimento foliar dos coentros. O rendimento por parcela e o rendimento em tons por hectare mostraram uma tendência crescente devido à aplicação foliar de fertilizantes solúveis 19:19:19. O rendimento por parcela foi mais elevado (4,12 kg) com N3K2 na sementeira em linha, em comparação com 3,69 kg/parcela na sementeira em difusão. Da mesma forma, o rendimento foi mais elevado (18,5 t/ha) na difusão em comparação com 15,44 t/ha na sementeira em linha, sendo o rendimento mais elevado devido ao N3 e 15,90 t/ha devido ao N3K2 na sementeira em linha. O presente resultado da experiência está de acordo com as conclusões de Balaji e Keshwa (2011) e Sharangi *et al.* (2011) sobre coentros.

9. **Rendimento por parcela e por hectare influenciado pela pulverização foliar de fertilizantes solúveis (13:0:45):**

A aplicação de fertilizantes solúveis em água (13:0:45) tem um grande impacto devido à maior quantidade de potássio solúvel que ajuda à translocação do amido e à resistência ao impacto, aumentando assim o peso juntamente com outras características desejáveis. Devido à aplicação de fertilizantes solúveis, registou-se um aumento significativo no rendimento das parcelas de 4,39 kg em N3K2 na sementeira em linha e 4,49 kg/parcela na difusão, com 20,19 t/ha em N3K2 e 19,77 t/ha em N3K2 na sementeira em linha e difusão, respetivamente. A presente constatação do aumento do rendimento devido à aplicação de fertilizantes solúveis com maior quantidade de potássio solúvel está em voga entre os agricultores e o aumento do rendimento devido à aplicação foliar também foi relatado por Sharangi *et al.* em 2011.

A disponibilidade de azoto afecta o crescimento e o desenvolvimento das plantas e está intimamente ligada à qualidade e ao rendimento da produção agrícola. A investigação demonstrou que a combinação de fertilizantes azotados foliares com um programa de fertilidade baseado no solo melhora o rendimento e a qualidade das culturas. A suplementação de um programa tradicional de fertilidade azotada com aplicação foliar dá aos agricultores mais opções de gestão. O momento da aplicação foliar dependerá dos objectivos específicos da produção e dos benefícios desejados. As folhas podem absorver fontes de azoto orgânico e inorgânico. Pequenos poros nas cutículas das folhas podem absorver ureia, nitrato de amónia e outros fertilizantes solúveis em água. Estes poros são revestidos com moléculas de carga negativa. Por conseguinte, a absorção do catião (amoníaco) é mais rápida do que a dos aniões (como o nitrato). A ureia é normalmente utilizada para fertilização foliar devido à sua inalterada e elevada solubilidade, sendo rápida e eficazmente absorvida pelas folhas. Uma vez absorvida, a ureia é transformada em amoníaco e dióxido de carbono pela enzima urease presente nas folhas de muitas plantas. A absorção foliar de ureia é afetada por factores externos, como a temperatura e a humidade. A humidade elevada da superfície da folha seguida de secagem durante a aplicação de ureia pode causar perdas de azoto por volatilização de amoníaco. Observou-se que as plantas que contêm uma quantidade elevada de azoto apresentam uma resposta menor à aplicação foliar de ureia do que as plantas que contêm menos azoto. Isto resulta parcialmente do facto de as plantas com baixo teor de azoto serem mais eficientes na absorção e translocação do azoto da aplicação foliar de ureia do que as plantas com maior teor de azoto. Os fertilizantes solúveis em água com os três principais nutrientes podem trabalhar em conjunto para proporcionar maiores benefícios do que qualquer uma das tecnologias de fertilizantes isoladamente. A aplicação de fertilizantes solúveis como o 19:19:19 e o 13:0:45 tem mais vantagens, uma vez que mais potássio na forma solúvel ajuda na translocação do amido (fotossintatos) e, por conseguinte, aumenta o rendimento e os outros caracteres que o atribuem. A nutrição potássica também influencia o crescimento das plantas, uma vez que está associada ao movimento da água, dos nutrientes e dos hidratos de carbono. A aplicação no solo de fertilizantes orgânicos em diferentes combinações de azoto e potássio e a aplicação foliar de ureia, fertilizantes solúveis como 19:19:19: & 13:0:45 resultaram numa maior produção de folhas em coentros sob diferentes tratamentos.

Capítulo 6

RESUMO E CONCLUSÃO

A experiência intitulada "Integrated nutrient management on growth & yield of coriander variety Supper Midori" (Gestão integrada de nutrientes no crescimento e rendimento da variedade de coentros Supper Midori) foi realizada durante a época de Rabi de 2013-14 no campo experimental do Departamento de Ciências Vegetais, Faculdade de Agricultura, OUAT, Bhubaneswar, com o objetivo de estudar o efeito do azoto potássico e da sua combinação juntamente com FYM e pulverização foliar de 1% de ureia e outros fertilizantes solúveis (19:19:19 & 13:0:45) no rendimento foliar e outros caracteres que atribuem rendimento nas condições agro-climáticas de Bhubaneswar.

A experiência foi organizada em RBD (Fatorial) com nitrogénio variado (60, 70, 80 kg/ha) e potássio (50 & 60 kg/ha) em combinação com FYM, tanto em linha de sementeira como em difusão. Houve 6 tratamentos e 4 repetições na experiência. Foi aplicada uma quantidade igual de fósforo (40 kg/ha) em todos os tratamentos. As práticas culturais necessárias, como a irrigação, a monda e as operações interculturais, foram efectuadas durante a investigação.

Verificou-se que

1. A aplicação de doses mais elevadas de nitrogénio e potássio e a sua combinação aumentam a percentagem de germinação, a altura da planta, o número de ramos por planta, a área foliar, a altura em que aparece a primeira folha, o comprimento da raiz, o peso da raiz, o peso da planta, o rendimento por parcela e o rendimento em toneladas por hectare, tanto na sementeira em linha como na transmissão.

2. O rendimento por parcela foi de 3,57 kg em N3K2 em sementeira em linha e 3,49 kg em sementeira em radiodifusão em N3K2, em comparação com 2,98 kg em N1K1 em sementeira em linha e 2,54 kg em N1K1 em radiodifusão.

3. O rendimento das folhas de coentro por hectare foi de 15,90 t/ha em N3K2, em comparação com 11,93 t/ha em N1K1 na sementeira em linha e rendimento de 15,72 t/ha em N3K2 e 11,42 em N1K1 na difusão.

4. A pulverização foliar de Ureia 1% registou um rendimento de 16,82 t/ha em N3K2 em comparação com 13,88 t/ha em N1K1 em sementeira em linha, em comparação com 16,28 (t/ha) em N3K2 e 11,93 (t/ha) em N1K1 em difusão.

5. A aplicação foliar de fertilizantes solúveis (19:19:19) registou um rendimento foliar de 18,17 t/ha em N3K2 em sementeira em linha, em comparação com 18,53 t/ha em N3K2 em difusão.

6. A aplicação foliar de fertilizantes solúveis (13:0:45) registou um rendimento foliar de 20,19 t/ha no N3K2 em sementeira em linha, em comparação com 19,77 t/ha no N3K2 em sementeira a lanço.

CONCLUSÃO

1. A partir dos dados tabelados da experiência, pode concluir-se que a variedade "Super Midori" de sementes Tokita tem um bom desempenho na sementeira em linha, em comparação com a sementeira em radiodifusão, no que respeita ao rendimento foliar.

2. A aplicação de N3 (80 kg/ha) juntamente com K2 (60 kg/ha) com Fósforo (40 kg/ha) e aplicação de FYM registou o maior rendimento de 15,90 t/ha sob sementeira em linha.

3. Devido à aplicação foliar de 1% de ureia, foi obtido um rendimento de 16,47 t/ha, devido à pulverização de fertilizante solúvel 19:19:19 foi obtido um rendimento de 18,17 t/ha e a pulverização de fertilizante solúvel 13:0:45 registou o maior rendimento de 20,19 t/ha em coentros.

4. A partir das constatações acima, concluiu-se que a aplicação de FYM & dose de fertilizante de N3 (80 kg/ha), P (40 kg/ha) & K2 (60 kg/ha) juntamente com pulverização foliar de 13:0:45 foi considerada significativamente superior em comparação com o rendimento de 15,90 t/ha. Assim, num caso normal, a aplicação de 13:0:45 @7g/litro após 18 dias de germinação foi considerada adequada para aumentar o rendimento foliar dos coentros.

5. Tendo em conta o preço das folhas de coentro a 10,00 rúpias/kg
Pode-se concluir que, sob recomendação normal de fertilizante, ou seja, N3PK2 (80:40:60 kg)/ha, um retorno de Rs. 1,64,700.00 pode ser obtido (bruto) em comparação

com a pulverização foliar (13:0:45), dando um retorno de Rs. 2,01,900.00 por hectare pode ser facilmente obtido por um agricultor.

6. A aplicação de apenas 3,5 kg de fertilizante solúvel está a dar um bom dividendo de lucro na produção de folhas de coentro, que precisava de ser popularizado entre os agricultores de Odisha.

Capítulo 7

BIBLIOGRAFIA

Admar, K.M.K., Sadhu, e Som, M.G. (2003). Efeito de diferentes níveis de azoto no crescimento e rendimento dos coentros. *Indian Agriculturist,* **35**:107-111.

Ahmed, A., Farooqi, A. A., e Bojappa, K. M. (1998). Efeito de nutrientes e espaçamentos no crescimento, rendimento e teor de óleo essencial de funcho (*Foeniculum vulgare* L.). *Indian Perfumer,* **32**: 301-305.

Aishwath, G.L., Kant, K., Sharma, Y.K., Ali, S.F. e Naimuddin, M. (2012), Influência de biofertilizantes no crescimento e rendimento de coentros (*Coriandrum sativum* L.) sob Haplustepts Typic. *International J. Seed Spices,* **2**(2):9 - 14.

Balaji, L. R. e Keshwa, G.L. (2011). Efeito da tioureia no rendimento e na absorção de nutrientes das variedades de coentros (*Corianderum sativum* L.) em condições de sementeira normal e tardia. *J. of spices and aromatic crops,* **20** (1): 68-71.

Baswana, K. S., Pandita, M. L. e Sharma, S. S. (1989). Resposta dos coentros às datas de sementeira e ao espaçamento entre linhas. *Indian J. Agron,* **34**: 355-357.

Bhalerao, R.V. (2007). Influência de níveis graduados de azoto e espaçamento no crescimento e rendimento dos coentros (*Corianderum sativum* L.). *Asian J. of Hort.,* **2**(1): 58-60.

Bhat, V. R. e Sulikeri, G. S. (1992). Efeito do azoto, fósforo e potássio na produção de sementes e atributos de produção de coentros (*Coriandrum sativum* L.). *Karnataka J. Agric. Sci.,* **5**: 26-30.

Bhati, D. S. e Shaktawat, M. S. (1994). Efeito da data de sementeira, do espaçamento entre linhas e do azoto nos parâmetros de qualidade dos coentros. *Prog Hort.,* **26**: 14-18.

Bhati, D. S., Agarwal, H. R. e Sharma, R. K. (1987). Response of coriander to nitrogen and phosphorus. *Indian Cocoa, Arecanut and Spices J.,* **10** (4): 93-94.

Bhati, M. S., Dixit, B. S. e Bhati, D. S., (1988). Effect of nitrogen and stage of umbel picking on growth and nitrogen uptake of fennel. *Haryana J. Agron,* **4** (1): 51-52.

Bhunia, S.R., Ratnoo, S.D. e Kumawat, S.M. (2009). Effect of irrigation and nitrogen on water use, moisture extraction pattern, nitrogen uptake and yield of coriander in north western irrigated plains of Rajastan. *J. of spices and Aromatic crops,* **18**(2): 88-91.

Chaulagain, R., Pant, S.S., Thapa, R.B. e Sharma, M.D. (2011). Desempenho de cultivares de coentros para a produção de folhas verdes em condições de sementeira tardia. *The J. of Agril. and Env.,* **12**: 67-70.

Choudhary, G.R. e Jat, N.L. (2004). Resposta dos coentros (*Coriandrum sativum* L.) ao azoto inorgânico e ao biofertilizante de quintal. *Indian J. Agric. Sci.,* **78**:761-763.

Datta, S., Alam, K. e Chatterjee, R. (2003). Efeito de diferentes níveis de azoto e do corte de folhas na produção de folhas e sementes de coentros cv. Rajendra Swati. In proceeding of National Seminar in new perspectives in spices, medicinal and Aromatic plants held at Goa.

Dinani, T. E., Asghari, H.R., Gholami, A, e Masoumi, A. (2014). Efeito do nitrogênio e vermicomposto no rendimento do coentro. *Ata Hortiuclture,* **1**: 216-222.

Dyulgern, N. e Dyulgerova, B. (2013). Variação dos componentes do rendimento em coentros (*Coriandrum sativum* L.). *Ciências e Tecnologia Agrícolas,* **5**(2):160-163.

Guha, S., Sharangi, A.B. e Debnath, S. (2013). Efeito de diferentes épocas de sementeira e gestão de cortes na fenologia e no rendimento de coentros fora de época em cultivo protegido. *Tendências em Hort. Res.,* **3**: 27-32.

Hamte, V., Chtterjee, R. e Tania, C. (2013). Crescimento, floração, frutificação e comportamento de maturidade do coentro com orgânicos, incluindo biofertilizantes e inorgânicos. *The Bioscan,* **8** (3): 791-793.

Hesami, S., Rokhzadi, A.R., Abdol, R., Hesami, G. e Kamangar, H. (2013). Resposta do coentro à aplicação foliar de ácido salicílico e intervalos de irrigação. *International J. of Bioscience,* **3** (11): 35-40.

Ibadhullah, J., Muhammad, S., Shah, A. Hussain, R., Abdur., K., Noor, H., Wahid, F., Rahman, A., Alam, R. e Alam, H. (2011). Resposta da produção de sementes de coentros ao fósforo e ao espaçamento entre linhas. *Sarhad J. of Agric.,* **27** (4): 549-552.

Jackson, M.L.(1973) soil chemical analysis Prentice Hall of India Pvt.Ltd., New Delhi,pp. 498

Jamali, M. M. e Martirosyan (2013). Avaliação do efeito do défice hídrico e dos fertilizantes químicos em algumas características do coentro (*Coriandrum sativum* L.). *International J. Agro. and Plant production,* **4**(3): 413-417.

Kaya, N. (2000). Desempenho dos coentros em diferentes datas de sementeira e produção de sementes. *Turk. J. Agric.,* **24**:355-364.

Malhotra, S.K. e Vashishtha, B. B. (2004). Effect on seed rate and row spacing on growth, yield and essential oil of ajowan genotypes (Efeito da taxa de sementes e do espaçamento entre linhas no crescimento, rendimento e óleo essencial de genótipos de ajowan). *Indian J. Arecanut, spices and Medicinal Plants,* **7**(1): 59-62.

Mallik, T.P. e Tehlan, S.K. (2013). Desempenho das variedades de coentro (*Coriandrum sativum* L.) para crescimento e rendimento de sementes. *International J. seed spices,* **3**(2): 89-90.

Moniruzzaman, M., Rahman, M.M., Hossain, M.M., Sirajul harim, A.J. M. e Khaliq, Q.A. (2013). Efeito da taxa de sementes e do método de sementeira na produção de folhagem de diferentes genótipos de coentros (*Corianderum sativum* L.). *Bangaldesh J. Agril. Res.,* **38**(3): 435-445.

Nagar, R.K., Muera, B.S. e Dadheech, R.C. (2009). Effet of weed and nutrient management on growth yield and quality of coriander (*Coriandrum sativum* L.). *Indian J. of Weed Sciences,* **41** (3 e 4): 183-188.

Nehra, B.K., Rana, S.C., Singh, N., Singh, A. e Thakral, K. K. (1998). Rendimento e qualidade das sementes de coentros influenciados pelas variedades, espaçamento e níveis de fertilidade. Water and nutrient management for sustainable production and quality of species. Procedimentos do seminário nacional, Madiker-Karnataka, 5-6 de outubro de 1997. *Indian Society for Spices, Calicut,* 73-75.

Okut, N. e Yidjrim (2005). Efeito de diferentes espaçamentos entre linhas e doses de azoto em determinadas características agronómicas dos coentros *(coriandrum sativum* L.). *Pakistan J. of Biological Sci.,* **8**(6): 901 901.

Page, A.L., Miller, R.H. and Keeney, D.R.(1982) Methods of Soil Analysis, Part-2, Chemical and microbiological properties-2, No.9.Agron.Amer.Soc.Soil. Sci.(Pb) Madison Wisconsin, EUA.

Pareek, S. K. e Sethi, K.L. (1985). Resposta à irrigação e fertilização em coentro. *Indian Perfumer,* **29**: 225-228.

Patel, C.B., Amin, A.U. e Patel, A.L. (2013). Efeito de níveis variáveis de nitrogênio e enxofre no crescimento e rendimento de coentro (*Coriandrum sativum* L.). *The Bioscan,* (4): 1285-1289.

Pawar, P.M., Naik, D.M., Damodhar, V.P., Shinde, V.N. e Bhalerao, R.V.L. (2007). Influência de níveis graduados de espaçamento e azoto no crescimento e rendimento dos coentros (*Corianderum sativum* L.). *The Asian J. of Hort.*, **2**(1): 58-60.

Piper, C.S.(1996) Soil and Plant Analysis. Hans Publishers. Bombaim, Índia, pp-44-69

Prabhu, T., Narwadkar, P.R., Sajindranath, A.K. e Rathod, N.G. (2002). Effect of Integrated nutrient management on growth and yield of coriander (*Coriandrum sativum* L.). *South Indian Hort.*, **50**:680-684.

Raghavaiash, V. R., Reddy, P.S., Rao, D.S. K. e Ramaiash, K. (1985). Resposta das variedades de coentros à fertilização com azoto. *South Indian Hort.,* **33**: 341-343.

Rajaraman, G. e Paramguru, P. (2011). Influência dos níveis de fertilizante no rendimento e na economia dos tipos de folhas de coentros (*Coriandrum sativum L.). Crop Res.,* **42**(1/2/3): 210-214.

Randhawa, G.S. e Singh, A. (1988). Effect of agronomic practices on growth yield and nutrient uptake of dill (Efeito das práticas agronómicas no crescimento, rendimento e absorção de nutrientes do endro). *Indian Perfumer,* **32:** (4): 327-333.

Rao, E. V. S. P., Singh, M., Narayana, M. R., Rao, G.S.G e Rao, B.R.R. (1983). Estudos de fertilizantes em coentros. *J Agric. Sci., U.K.,* **100**: 251-252.

Saxena, S.N., Rathore, S.S., Saxena, R. e Kakani, R.K. (2013). Parâmetros fisiológicos e sua relação com o rendimento de sementes em coentro. (*Coriandrum sativum* L.). *International J. seed spices,* **3**(2): 85-88.

Shanu, I.S., Naruka, P.P., Singh, R.P., Shaktawat, S e Verma, K.S. (2013). Efeito do tratamento de sementes e pulverização foliar de tioureia no crescimento, rendimento e qualidade dos coentros (*Coriandrum sativum* L.) sob diferentes níveis de irrigação. *International J. seed spices,* **3**(1): 20-25.

Sharangi, A.B., Chatterjee, R, Nanda, M. K. e Kumar, R. (2011). Crescimento e dinâmica foliar dos coentros de estação fria influenciados pelo corte e pela aplicação de azoto foliar. *J. of Plant nutrition,* **34**(12): 1762-1768.

Shirkhodei, M.T., Mohammad, H. e Seyed, M., (2012), influência do vermicomposto e do bioestimulante no crescimento e na biomassa dos coentros (*Coriander sativum* L.) *International. J. of Advance Biological and Biomedical Res.,* **2**(3): 706-714

Singh, M. (2011). Efeito do vermicomposto e dos fertilizantes químicos no crescimento, rendimento e qualidade dos coentros (*Coriandrum sativum* L.) num clima tropical semi-árido. *J. of Spices and Aromatic crops,* **20**(1) : 30-33.

Singh, S.K., Dubey, A.K., Srivastav, J.P., Singh, S. K., Singh, M.B. (2008). Role of thining on seed production of *coriander* (*corianderum sativum* L.). *Annals of Horticulture,* **1**(1): 71-72.

Subbiah,B.V e Asija,G.L.(1956) A Rapid Procedure for Determination of Available Nitrogen in Soils.Current Science **25**:259-290

Tehlan, S.K. e Thakral, K. K. (2008). Efeito de diferentes níveis de azoto e do corte de folhas na produção de folhas e sementes de coentros (*Coriandrum sativum* L.). *J. of Spices and Aromatic crops,* **17**(2): 180-182.

Tripathi, M. L., Singh, H. e Chouhan, S.V.S. (2013). Resposta dos coentros (*Coriandrum sativum* L.) à gestão integrada de nutrientes. *Technofame,* **2**(2): 43-46.

Ugheja, P.P. e Chundawat, B.S. (1992). Estudos nutricionais em coentros (*Coriandrum sativum* L.). *Gujurat Agricultural Univeristy Res. J.,* **17**(2): 82-86.

Vasmate, S.D., Patil, R.F, Manolikar, R.R. Kalabandi, B.M. e Digrase, S.S. (2008). Efeito do espaçamento e dos adubos orgânicos nas sementes de coentro (*Corianderum sativum* L.). *Asian J. of Hort.,* **3**(1): 127-129.

yes I want morebooks!

Buy your books fast and straightforward online - at one of world's fastest growing online book stores! Environmentally sound due to Print-on-Demand technologies.

Buy your books online at
www.morebooks.shop

Compre os seus livros mais rápido e diretamente na internet, em uma das livrarias on-line com o maior crescimento no mundo! Produção que protege o meio ambiente através das tecnologias de impressão sob demanda.

Compre os seus livros on-line em
www.morebooks.shop

Printed by Books on Demand GmbH, Norderstedt / Germany